U0159167

［英］威廉·哈里斯
（W.A.Harris）　著

李瑞丽　译

大脑如何
塑造了我们

生命之始

ZERO
TO
BIRTH

中国出版集团
中译出版社

图书在版编目（CIP）数据

生命之始 /（英）威廉·哈里斯（W. A. Harris）著；
李瑞丽译 . -- 北京：中译出版社，2023.5
书名原文：Zero to Birth:How the human brain is
built

ISBN 978-7-5001-7354-0

Ⅰ.①生… Ⅱ.①威… ②李… Ⅲ.①脑科学—研究
Ⅳ.① Q983

中国国家版本馆 CIP 数据核字（2023）第 037858 号

著作权合同登记号：01-2023-0402

生命之始
SHENGMING ZHI SHI

出版发行 / 中译出版社
地　　　址 / 北京市西城区新街口外大街 28 号普天德胜科技园主楼 4 层
电　　　话 /（010）68005858，68358224（编辑部）
传　　　真 /（010）68357870
邮　　　编 / 100088
电子邮箱 / book@ctph.com.cn
网　　　址 / http://www.ctph.com.cn

策划编辑 / 吕百灵
责任编辑 / 张孟桥
文字编辑 / 吕百灵
特邀编辑 / 林桥津
营销编辑 / 白雪圆　喻林芳
排　　　版 / 邢台聚贤阁文化传播有限公司
印　　　刷 / 中煤（北京）印务有限公司
经　　　销 / 新华书店

规　　　格 / 880 毫米 × 1230 毫米　1/32
印　　　张 / 9.125
字　　　数 / 170 千字
版　　　次 / 2023 年 5 月第一版
印　　　次 / 2023 年 5 月第一次
ISBN 978-7-5001-7354-0　　　　　定价：68.00 元

版权所有　侵权必究
中　译　出　版　社

这本书献给所有寻找人类大脑起源的科学家，

感谢他们为本书的创作所做出的贡献。

序 言

　　一位母亲正抚摸着她新生婴儿的小手指。凝视着孩子闪闪发光的眼睛，她感慨道："我的小宝贝，你真是太不可思议了！"婴儿虽然出生于母亲的身体，却是独一无二的个体。他不仅拥有自己的手指和眼睛，而且还拥有自己的思想。他的大脑躲藏在就连他的母亲也看不到的颅骨里，但却是真正的生命奇迹——这是一台天生不停运转的超级计算机，拥有数十亿个具有电活性及弹性的"神经元"细胞，密布着数万亿可调节的网络连接。即使婴儿仍然需要父母的持续照顾，但他的大脑天生就准备好收集和存储有关世界的信息，并参考这些信息做出各种决定。他的大脑有着多种多样的能力，例如产生本能和形成经验的能力、好奇和探索未知事物的能力、实验和发明的能力、感知新事物和情感的能力，等等。此外，他的大脑对于仍处于萌芽阶段的自我意识的形成至关重要。艾米莉·狄金森（Emily Dickinson）于 1862 年所作的一首关于大脑的诗，可以更简单地说明这个问题：

大脑——比天空还要辽阔——

倘若——将二者互相并列——

大脑可以轻松包容那片天空——还有——你[1]

几个世纪以来，大脑及其工作原理一直是人们好奇和研究的对象。虽然我们比以前更了解大脑，但这一器官仍然保留着许多奥秘。

人类大脑的最大奥秘之一，就是大脑最初的形成方式——从受精到分娩，大脑是如何在子宫内发育和形成的。在 20 世纪 70 年代中期，当我作为一名年轻科学家首次踏足这一领域时，人们对这个问题知之甚少，部分原因归结于这一动态过程难以被观察。但正是从那时起，发育神经生物学这一研究领域开始蓬勃发展。全世界的科学家开始使用比以往更加精密的方法，在发育生物学、进化生物学、遗传学和神经学的边缘地区进行探索，以寻找大脑起源和形成的线索。

因此，在过去的几十年里，人们见证了许多与大脑发育和进化有关的新发现。在本书中，我们将讨论这些可以帮助我们了解婴儿大脑形成的新发现。在描述这些帮助我们了解大脑发育机制的最激动人心和具革命性的实验时，我也将讲解这些实验的动机。此外，我还将说明实验是如何进展的？实验的结果和解释是什么？哪些结果出人意料、哪些解释是错误的？这些实验和我们从中获得的知识如何改变我们对大脑及其发育的看法？本书是一部科学编年史，记录了那些帮助我们了解人脑构建方式的科学历程。

我可以简单地剧透一下，本书的故事从一颗受精卵开始。这颗受精卵将发育成一个胚胎，其中的一组细胞被指定发育成大脑。然后，故事将跟随着这些细胞，它们逐渐发育成了连接大脑的神经元，正如你可能预期的那样，最终形成了一个完整的人脑。大部分故事都与细胞有关，在这一层级中，人们可以更轻松地理解大脑构建过程所涉及的步骤和基本原则。从某种角度来看，我所讲述的这个故事可能读起来有点像神经元的成长传记。本书将讨论这一过程涉及的关键问题：是什么导致这些特定的胚胎细胞发育成大脑细胞？大脑中有多少种细胞？神经元的初始形态和环境对其作为一种神经元和一个细胞个体的特定命运各有什么影响？神经元如何发育出被称为"轴突"和"树突"的线状延伸部分？它们如何形成正确的电活性连接，从而将大脑完整无误地连接起来？为什么在我们生命的最初几年，有那么多神经元自然死亡？神经元必须经历什么才能成为大脑中的永久部分？随着时间的推移，这些神经元会发生怎样的变化？尽管这个故事是以极其微小的细胞和分子为舞台，但神经元的成长历程仍然充满戏剧性，本书将带领大家揭开这一微缩世界的面纱。

与大脑发育交织在一起的另一个平行的故事可以追溯到更早的时间——人类大脑进化的故事，换句话说，也就是人类如何获得人脑的故事。这个故事也是从单个细胞开始的，但这些细胞在数十亿年前就已经存在于地球早期的原始生命中。进化和发育的故事有着相同的结局：形成完整的人类大脑。因此，这二者并非独立的线程。例如，在进化发育生物学领域的工作已经发现，许多影响大脑发育步骤的基因和分子通道与驱动人类进化步骤的基因和分子通道是相同的。2 因此，尽管本书主要集中于大脑的发育故事，我也会从进化的角度来提供更宽广的背景和更深刻的见解。通过大脑发育和进化起源的镜头来观察人类大脑，可以让我们对人类与生俱来的特征有更丰富的认识。

进化而来的人类基因组（人类的"先天天性"）掌握着人脑的基本构建计划，而我们与环境（"后天"）的互动可以影响和指导这一构建过程。相对地，环境的影响往往也会受到个体间遗传差异的影响。先天影响后天，后天影响先天。那些过分看重先天或后天的人往往忽视了另一个重要因素：随机性。随机事件会影响到大脑发育的各个方面。本书中给出的示例强调了基因、环境和幸运女神在大脑的形成过程中扮演的重要角色。

随着发育神经生物学家对大脑形成过程中涉及的基因

和分子通道了解得越来越多，我们发现这些基因与一些已知的神经、心理和精神病症之间存在新的联系，其中一些症状出现在婴儿期和儿童期之后。大脑的形成涉及成千上万的基因和步骤，在各个环节都有可能出错。了解哪些基因和分子通道参与了大脑的构建，以及哪些基因和分子通道最终可能参与相关病症的形成，对于制定不同病症的治疗策略是非常有价值的。另一个关键的医学问题在于寻找大脑受伤或疾病后的修复方法。人类胎儿可以制造出数十亿个神经元，但成年人的大脑却失去了制造新神经元以取代因受伤或疾病而损失的神经元的能力。类似地，在发育过程中，大脑中的神经元可以正确连接，但对于成年人来说，大脑中被切断的轴突就无法再重新生长和正确连接。由于随着年龄的增长，成熟的大脑会失去再生新神经元和连接的能力，修复"破碎"的人脑就成了医学领域的重要课题之一。这是一项巨大的挑战，不仅是因为构建大脑是一项复杂而敏感的工程（正如我们将看到的），还因为其中的关键步骤大多发生在子宫中。子宫一直保守着自己的秘密，特别是在实验科学领域，我们在寻求进展时必须非常小心。尽管如此，科学家们仍在这一领域取得了非凡的进步。例如，根据从神经发育研究中了解到的知识，研究人员现在可以引导培养中的干细胞发育成大脑中特定类型的神经元，或是成为人脑类器官（微型人脑组织），用于研究大脑疾病，并寻找可以减轻痛苦的治疗方法和大脑修复策略。

人人们可能会想：了解更多有关人脑构建方式的知识，是否能够帮助我们更好地了解它的工作原理呢？虽然我们可以在不知道某样事物原理的情况下学习如何建造这样的事物，但现在我们已经拥有了大量关于大脑工作原理的科学知识，而且仍在快速增长，因此，我们已经对大脑的功能有了很好的了解。在此前提下，学习如何从头开始构建大脑，可以帮助我们更好地了解它的工作原理，具体地说，也就是信息如何在大脑中高效流动。

本书的最后一章聚焦于人类大脑是如何从我们最亲近的灵长类亲戚和原始人类进化而来的。人类的大脑与我们灭绝的祖先和在世的亲戚相比，它们之间有什么根本性的差异（如果有的话），以及这些差异是如何产生的？与其他物种的大脑相比，构建典型的现代人类大脑所必需的特殊机制是什么？无论我们出生时拥有怎样的大脑，都会因我们的经历而发生变化（特别是在童年时期），而个人信息、技能和记忆的存储也会改变大脑。事实证明，正是因为人类大脑这样的发育机制，使得世界上不存在两颗完全相同的大脑。这让我们成为人类，也让我们每个人都与众不同。

我将在接下来的几页中讲述一个复杂的故事。作为一名实验神经科学家，我亲眼见证并参与了这一领域的工作。我将描述科学如何揭示大脑发育的机制和结构，从最早的胚胎起源，到分娩，再到更远。故事按照时间顺序，循序渐进，追踪人脑的实际生长发育。总体而言，各种模型生物（如线虫、苍蝇、青蛙、鱼、鸟、鼠，有时也包括非人类灵长类动物）的研究结果都被汇集到叙述中，为人们提供了来自进化过程（与发育过程平行）的视角。本书最后讨论了使个体大脑独一无二的因素，以及早期神经发育研究将如何帮助我们更好地理解神经和认知特征的遗传及胚胎起源，这些特征通常只能在后续生活中显露出来。从受孕到分娩，人类大脑将如何发展，这是一个无与伦比的故事，也是我们正在进行解构和探索的问题。

目　录

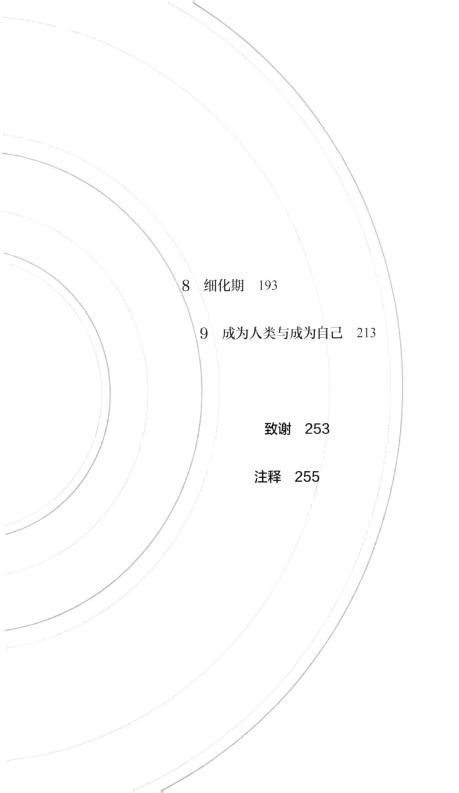

1

神经元的产生

这一章将讲述一部分胚胎细胞发育成神经干细胞并成为神经系统的基石的过程。我们也将由此瞥见大脑的进化。

全能干细胞

　　胚胎学在 19 世纪末实现了突破性的飞跃。在之前的几个世纪里，人们一直在争论生物体及其各个部件是如何从一颗单细胞卵子发展而来的。而在这一时期，人们开始通过实验而不是辩论来回答这些问题。其中一个最基本的问题是：当一个受精卵细胞分裂成两个细胞时，这两个细胞都各自有形成完整生命体的能力吗？还是说这两个细胞会以某种方式平分这种能力？这个问题无法通过辩论来回答，人们需要使用真实胚胎进行实验来解决这个问题。

　　1888 年，在弗罗茨瓦夫胚胎学研究所工作的威廉·鲁克斯（Wilhelm Roux）接受了这一挑战，他希望通过青蛙的双细胞阶段胚胎来回答这个问题。他将一根加热过的针插入其中一个细胞，然后让另一个存活的细胞发育成胚胎。大多数实验胚胎最终会发育成动物的部分形体（例如胚胎的右半部分或左半部分），而不是整个胚胎。基于这些实验结果，鲁克斯认为，在第一次细胞分裂时，细胞形成完整生命体的能力也会被一分为二。[1] 由于鲁克斯的实验是有史以来首次在胚胎上进行的科学实验，他也被公认为实验胚胎学领域的奠基人。自此以后，实验胚胎学开始成为发育生物学的基石。

鲁克斯的实验结果是毋庸置疑的，但他对这些结果的解释却引起了人们的关注，因为死亡细胞似乎影响到了其周围存活细胞的发育。因此，在几年之后，另一位在那不勒斯海洋生物站工作的胚胎学家汉斯·德里施（Hans Driesch）做了一个非常类似的实验，但他使用的是海胆胚胎，而不是青蛙胚胎。海胆胚胎的奇妙之处在于，在其双细胞阶段，只需轻轻摇动就能将两个细胞分离。因此，这类胚胎原则上应该不会受到任何旁边死亡细胞的影响。德里施的实验结果与鲁克斯正好相反，这两个细胞中的每一个都长成了一只完整的海胆，而不是发育成动物的部分形体。[2]

德里施的实验结果显然加深了人们的怀疑，即在鲁克斯的实验中，死亡细胞的存在可能影响到了他的实验结果。但这种差异也可能说明海胆和青蛙的发育方式存在根本性的差异。因此，人们更感兴趣的是，如果青蛙胚胎的双细胞能够完全分离并均保持存活，会出现什么结果。但这项实验在过去（现在仍然如此）极具挑战性，因为在两栖类动物胚胎的双细胞阶段，细胞还没有完全分离。最终在 1903 年，维尔茨堡大学的汉斯·斯佩曼（Hans Spemann）成功地使用初生婴儿头上的一根绒毛做成了细小的套索。他将套索放在双细胞之间，保持双手稳定，并慢慢收紧套索。当套索完全收紧时，两个细胞彼此分离，并且都存活下来。在大多数情况下，这两个细胞最终都能形成完整的胚胎。[3] 这样看来，似乎鲁克斯对分裂影响的解释确实是错误的，而且很可能是受到死亡细胞影响的人工产物，但其实验结果的生物学原因却从未真正得到进一步的研究。

那么，哺乳动物呢？1959 年，华沙大学的安德烈·塔拉科夫斯基（Andrzej Tarakowski）从双细胞或四细胞的小鼠胚胎中分离出单细胞，然后将其分别植入孕母的子宫中。这些分离的细胞通常都能发育成健康的幼鼠。[4] 至今科学家在许多其他哺乳动物胚胎中也做过类似的实验。对于人类而言，同卵双胞胎就是由单个胚胎自发分裂成的两个胚胎发育而成的。虽然目前还不清楚这种分裂发生的确切时间和方式，但这样分裂的胚胎细胞确实能够发育成完整的人类个体。对于有严重基因异常风险的夫妇，现在可提供针对体外受精的早期人类胚胎（试管受精胚胎）进行的基因测试。在这一程序中，通常会取出处于四细胞或八细胞阶段胚胎中的一个细胞进行测试。如果没有发现明显的基因缺陷，剩下三到七个细胞的胚胎还可以被重新植入子宫，因为只移除一个细胞几乎不会损害剩余细胞发育成完整人体的能力，所以往往能得到令人满意的结果。因此，这一阶段的胚胎细胞被称为具有"全能性"：它有能力形成一切。

大脑的起源

人类大脑漫长的进化史刻在了我们的基因里，这些信息将用于在每个婴儿身上重建全新的大脑。我们每个人的生命都是从一颗小小的卵子开始，这是一粒比食盐还小的细胞。就如同 40 亿年前细胞刚刚进化出来时那样，现在的细胞结构仍然是由细胞膜包围着一个细胞核。而在卵细胞的细胞核内，则拥有着制造完整人体的指令。精子细胞携带着互补指令，只为找到卵子并将自身推入卵子体内。当父母双方的基因组开始复制之后，受精卵开始分裂。它首先分裂成两个细胞，两个变成四个，然后变成八个，以此类推，很快就会生成由数千个细胞组成的胚胎。每一个细胞都包含一个细胞核，每一个细胞核都拥有完整的指令集。

某些构建大脑的指令来自元古宙时期的单细胞生物体。[5]这些原生动物可以感知它们所处的环境，并做出相应的反应。

它们本身没有大脑，但它们拥有类似大脑的功能。许多现代原生动物是积极能动的，它们会寻找食物和配偶，适应新的环境，存储特定事件的记忆，并做出决定。现代单细胞生物（比如草履虫）正是这一古老世代的遗物，比多细胞生物的起源要早至少 10 亿年。当草履虫撞到一面墙时，它会重新定向并朝新的方向移动。草履虫通过全身数千根纤毛的同步跳动来推动其向前行动。撞击引起的机械刺激打开了草履虫细胞膜上的钙离子通道。钙离子携带的电流开始流过这些通道，改变了细胞膜的电压。细胞膜中的其他钙离子通道对这种电压变化非常敏感，并会相应地打开通道。这些电压敏感通道的打开使得更多的钙离子流过细胞膜，进一步改变膜电压，打开更多的通道。这种爆炸性的电反馈是我们大脑神经元所用神经脉冲的本质，只不过神经元更倾向于使用钠离子（而不是钙离子）来产生脉冲。这种电脉冲对草履虫来说，可以让钙离子立即进入其整体细胞膜，同时中断草履虫的纤毛跳动，并使其翻滚。当细胞恢复时，草履虫就可以朝着新的方向前进。草履虫通过机械变形激活的通道和通过电压激活的通道，从进化角度来说，与在所有动物神经元中发现的通道都相似。大脑的许多特性似乎早已出现在我们单细胞祖先的DNA 中，但关于它们如何获得这些类似神经元特性的奥秘仍然深埋在地球生命的早期进化历程中。

像草履虫这样的原生动物，在其细胞的不同区域，有着许多特殊功能，例如消化系统、呼吸系统、活动纤毛、携带自生命起源以来关键信息的细胞核，以及能够迅速改变行动的能动性膜状外皮。原生动物必须在单个细胞中完成所有这些任务，甚至还要做到更多。随着多细胞动物的出现，细胞越来越专门化，并可分工劳动。大脑是通过突触相互交流的神经元集合。在多细胞生命出现之前，具有真正神经元和突触的神经系统并没有出现，也不可能出现。水母属于大约 6 亿年前出现的刺胞动物门。刺胞动物具有相互连接的神经元网络，这种网络与我们这种两侧对称动物（又称双侧动物）的神经元有许多共同特征。由于双侧动物也出现在多细胞动物生命树上最早的分支点中，神经元和突触可能是由腔肠动物和双侧动物各自独立进化而来，但也有可能是由这两种动物的共同祖先进化而来。最早的脊椎动物出现在 4.5 亿多年前，这些早期的脊椎动物与现在的七鳃鳗关系最为密切。七鳃鳗不仅拥有跟我们相似的神经元，而且还拥有类似的神经系统布局，包括一个在结构和功能上都具有大脑皮层特点的大脑，而大脑皮层正是人脑进化中大幅扩展的区域。[6]

寻找神经干细胞

神经元最早是在何时、何处、如何在动物体内出现的？大约 35 亿年前，单细胞生物有时会结合在一起，成为简单的多细胞生命形式，这样它们就可以相互分配任务。在人类这种多细胞生命形式中，细胞开始承担特定的任务：有些会形成肌肉和骨骼，有些会形成皮肤，有些会形成消化系统，等等。而那些其余部分将形成大脑和神经系统的细胞就是神经干细胞。

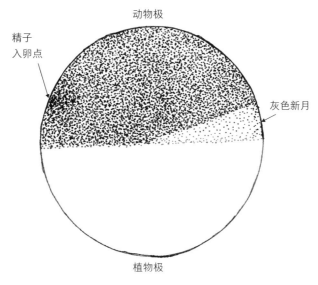

图 1.1　受精后不久的蛙卵

如果在初春时节的森林池塘中收集一些新鲜的蛙卵，你可能会首先注意到，这些蛙卵一半颜色较深，而另一半颜色较浅（见图 1.1）。深色的一半被称为"动物极"，浅色的一半被称为"植物极"。连接动物极和植物极的假想轴线即为胚胎的动植物卵轴。当蛙卵受精时，其中的色素颗粒开始向精子入卵处移动，并导致蛙卵另一面颜色变浅，形成像初升新月一样的"灰色新月"区域，该区域将会发育成蝌蚪的背侧。我们现在从背侧到腹侧再连一条辅助线，这些深色、浅色和灰色区域的相对位置将一直不变，直到"囊胚"这一发育阶段。囊胚基本上是一个由数百个细胞组成的球体，中间有一个充满液体的空腔。人类胚胎将在受精后一周左右进入囊胚阶段。

残存的精子入卵点可见聚集的色素颗粒（靠近图片顶部）。动物极位于顶部，植物极位于底部。灰色新月将在精子入卵点的对面（动物半球靠近赤道的部分）形成。灰色新月标志着发育中青蛙胚胎的背侧。

19 世纪末期的胚胎学家希望了解这样的一颗细胞球是如何发育成一只小蝌蚪的，于是他们追踪位于动植物轴和背腹轴上固定位置的细胞。他们用永久性染料对细胞进行染色，并记录染料的最终去向。这样的实验现在仍在世界各地的大学胚胎学课程中进行，这些课程的学生需要自己去发现脊椎动物胚胎三大胚层的起源：外胚层、中胚层和内胚层（ectoderm, mesoderm, endoderm, 源自希腊语中的外层、中层和内层）。靠近植物极的三分之一囊胚将成为内胚层，形成消化道及其器官系统；赤道附近的三分之一（包括灰色新月区域）将成为中胚层，形成肌肉和骨骼；余下的深色囊胚部分（被称为"动物帽"）将成为外胚层，形成表皮和神经系统。

胚胎学课程的学生会进一步了解到，原始神经系统来自外胚层的背侧，即灰色新月区域的正上方。

组织者（Organizer）

在知道囊胚中的哪些细胞将成为神经干细胞后，汉斯·斯佩曼（目前工作于弗莱堡）设计了一项实验，以测试这些细胞是否能发育成除神经系统外的其他组织。斯佩曼计划从胚胎的特定位置提取一组细胞，并将其移植到另一个胚胎的不同位置。斯佩曼为这些实验发明了各种新式的微型工具，包括可以使用指尖控制的精细玻璃吸管，用来在胚胎之间转移微小的胚胎组织，以及用来切割这些组织块的超精细手术刀。凭借这些工具及高超的操作技巧，斯佩曼能够对两栖动物胚胎进行精确的剪贴实验。在其一系列实验中，他将一小块囊胚组织移植到另一个囊胚的不同位置。当他将一个蝾螈囊胚的一块背侧外胚层组织（如果它保持在原来的位置，就会发育为神经系统）移植到另一个蝾螈囊胚的不同位置时，最后生成的动物发育一切正常，并没有发育出多余的脑组织。被移植的细胞只是简单地改变或忽略了它们以前的指令，并完美地契合到它们的新位置。在这个阶段，这些细胞似乎仍然是全能而且可变的。

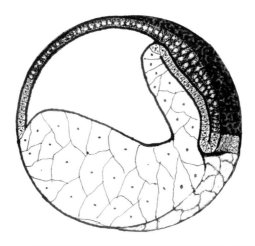

图 1.2　两栖动物胚胎在原肠胚期和神经诱导期的横截面

　　突破出现在发育的下一个阶段，也就是两三个小时后，到达"原肠胚期"。人类胚胎将在妊娠的第三周左右达到这个阶段，此时的胚胎包含数千个细胞。原肠胚期始于中胚层的细胞开始进入囊胚中心空腔，用发育生物学家的说法，它们开始了"内陷"。想象一下，你的左手拿着一个柔软的气球，然后把你的右手手指往气球里按，这就是"内陷"。最先开始内陷的中胚层细胞是位于背侧区域的细胞（见图 1.2），也就是位于灰色新月区域的细胞。在原肠胚期形成之初，当斯佩曼将一小部分内陷的背侧中胚层细胞从一个供体蝾螈胚胎移植到另一个宿主胚胎的腹侧时，发生了不同寻常的事情，就连斯佩曼也对此惊讶不已！宿主动物的发育看起来并不像他在囊胚阶段做同一实验时那样正常，但也没有像人们所猜测的那样因为移植组织而发育出多余的错位中胚层。斯佩曼看到的是，这些宿主胚胎内发育出了全新的第二胚胎。[7]这个第二胚胎经常与宿主胚胎肚腹相连，就像面对面的连体双胞胎一样！

内陷中胚层（灰点）在背侧外胚层（暗色）下方移动，并诱导后者形成神经外胚层，表现为神经外胚层增厚为神经上皮。

原肠发育阶段对于胚胎组织来说至关重要。如果没有原肠发育阶段，不论是青蛙胚胎还是人类胚胎，都无法发育出大部分的身体，更无法发育出大脑。这就是我们将在下一章提到的英国发育生物学家刘易斯·沃尔伯特（Lewis Wolpert）经常在讲座上所说的："生命中最重要的时刻不是出生、结婚或死亡，而是原肠发育阶段。"而斯佩曼面临的下一个挑战是如何从细胞、组织和生理机制的角度解释这一结果。他认为主要有两种可能性：一是移植的背侧中胚层细胞仍然具有全能性，而移植的创伤以某种方式刺激了这些细胞去形成完整的新胚胎；另一种可能性是，移植的组织以某种方式诱导了附近的宿主组织在其周围形成新的胚胎。

希尔德·普洛斯尔特（Hilde Proescholdt）是斯佩曼麾下一位才华横溢的年轻研究生，她接受了这一挑战，将分析这些可能性作为其论文课题。很明显，如果移植的背侧中胚层可以自行成长为双胞胎之一，那么它将由来自供体的细胞组成。然而，如果移植的组织以某种方式诱导其周围的组织形成胚胎，那么第二胚胎应当主要由来自宿主的细胞组成。因此，普洛斯尔特希望可以通过使用两种不同蝾螈的胚胎来解决这个问题，一种是浅色的（作为供体），另一种是深色的（作为宿主）。由于缺乏色素颗粒，浅色胚胎的细胞可以在显微镜下清晰辨认。然后，就像斯佩曼所做的那样，她将这块特殊的背侧中胚层从一个早期原肠胚移植到另一个原肠胚的腹侧——唯一的区别在于，这次供体细胞是浅色的，宿主细胞是深色的。

她的实验立即解决了这个问题。她发现，移植的细胞对第二胚胎的贡献很小（见图 1.3）。第二个胚胎大部分（包括大脑和脊髓）都是由宿主细胞组成的，而不是供体细胞。[8] 通过这一实验，她证明了在原肠形成初期时获取的这一背侧中胚层组织可以诱导其周围的组织形成完整的胚胎。斯佩曼这样认为："这项实验表明，胚胎中存在一个区域，当该部分被移植到另一个胚胎的无关部分时，就会形成第二胚胎的原基。"斯佩曼将这一组织称为"组织者"。组织者是发育生物学中的奠基发现之一。

在写完关于这项工作的博士论文后，普洛斯尔特嫁给了奥托·曼戈尔德（Otto Mangold），与丈夫和孩子一起搬到了柏林。可惜的是，搬家后不久，一场煤气炉爆炸导致她遭受了严重的烧伤而去世。因此无法见证她著名的论文在 1924 年的发表，以及 1935 年授予汉斯·斯佩曼的诺贝尔奖，以表彰她和斯佩曼共同发现的"组织者"这一贡献。

青蛙胚胎的组织者类似于哺乳动物胚胎中的"节点"。哺乳动物的节点就像斯佩曼的组织者一样，是位于背侧中胚层的一个区域，内陷并诱导覆盖其上的外胚层形成神经干细胞。节点或组织者区域以类似的方式在所有脊椎动物身上发挥作用，如鸡胚胎的节点在移植到蛙胚胎中时可以起到组织者的作用，而来自鼠胚胎的节点可以诱导鸡胚胎形成第二胚胎。至今，在鼠到蛙、鸡到鱼、鱼到蛙、鸡到鼠、鼠到鸡的移植中也观察到类似的结果。

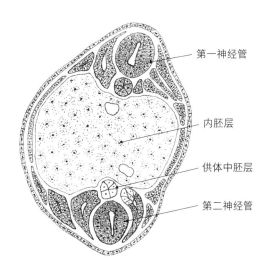

第一神经管

内胚层

供体中胚层

第二神经管

图 1.3　斯佩曼和曼戈尔德 1924 年的实验结果

希尔德·曼戈尔德（原姓普洛斯尔特）从无色供体胚胎

向有色蝾螈胚胎进行组织者移植的横截面。如图 1.3 所示，第二神经管下方（图中上方）可以看到来自宿主的无色供体中胚层。

神经诱导物

在曼戈尔德和斯佩曼发表他们的发现之后，生物学家都迫切地想要知道组织者到底是如何工作的。一小块片段如何协调其周围整体胚胎的构建？组织者如何与邻近的细胞沟通，它们之间又在沟通什么内容？例如，它会命令其中一些细胞去制造大脑吗？类似的问题开始成为世界各地新兴生物学实验室的主要关注点。人们很快发现，组织者片段不需要进行愈合或内陷，只需将其塞进囊胚的空腔中心，它就能诱导周围的宿主片段形成第二胚胎。即使将组织者片段与宿主片段用一张滤纸隔开，它甚至仍然可以继续工作，说明细胞之间的直接接触并不是必需的。这些实验似乎表明组织者可以释放一些可扩散的信号分子。物种间的节点移植实验则表明，这些信号分子是自古以来细胞球能够形成胚胎的生物学基础，科学家们因此对于这些神奇分子的本质非常感兴趣。

与移植组织者最接近的宿主细胞通常会成为第二胚胎的中枢神经系统，因此，在一些实验室中，对组织者物质的搜索变成了对"神经诱导物"的搜索。他们设想神经诱导物是一种由组织者释放的，负责将囊胚的全能细胞转化为原肠胚的神经干细胞物质。

一些实验室试图通过对组织者进行生化分析来寻找组织者物质或神经诱导物，但微量的实验原料阻碍了这一方法的进展。还有一些实验室致力于寻找其他可能具有组织者特性的组织。研究者发现，如果将肝肾碎片塞进囊胚中，它们也可以起到组织者的作用。过了一段时间，人们终于发现，原来很多不同的组织都具有神经诱导能力。1955 年，一直在寻找神经诱导物的约翰尼斯·霍尔特弗雷特（Johannes Holtfreter）绝望地说："几乎来自两栖动物、爬行动物、鸟类和哺乳动物（包括人类）的每个器官和组织的碎片都具有诱导性。"[10] 即使是实验室货架上随手拿取的化学物质，有时也具有诱导性。问题似乎在于，蝾螈胚胎的动物帽细胞在某种程度上已经准备好成为神经细胞，因此寻找其诱导物将成为巨大的挑战。结果就是，寻找真正神经诱导物的进程在数十年里一直停滞不前。

现在，我想说一小段题外话。1927 年，英国内分泌学家兰斯洛特·霍格本（Lancelot Hogben）搬到了南非农村，发现自己身边有很多被称为"非洲爪蟾"的爪趾青蛙，于是他立即着手利用这一丰富资源进行荷尔蒙研究。在给一只成年雌性非洲爪蟾注射了牛脑下垂体提取物之后，他惊奇地发现，这只雌蛙很快就开始产卵。霍格本知道，孕妇的尿液也会携带一些脑垂体激素，于是他和同事将准孕妇的浓缩尿液注射给成年雌性非洲爪蟾，发现根据其是否产卵可以准确预测该准孕妇是否怀孕。因此，直到 20 世纪 60 年代，非洲爪蟾一直在全世界用于妊娠测试。

对于发育生物学领域来说，更重要的是，只需给雌性非洲爪蟾注射激素，人们在一年四季都可以随时获得爪蟾卵，而不是像蝾螈和火蜥蜴那样需要季节性地注射。在我职业生涯的早期，我曾经需要对火蜥蜴胚胎进行研究，这些胚胎学实验只能在春季进行。我不得不说，我还是挺喜欢这项工作的季节性节奏的。但后来，我还是转而使用非洲爪蟾胚胎，因为它们更容易获得，而且还可以提高我的工作效率。另外，对于那些仍在寻找神经诱导物的人来说，最幸运的是，非洲爪蟾的动物帽细胞可以提供清洁的实验系统，也为寻找组织者提供了一种新的分子方法。如果切下非洲爪蟾胚胎的动物帽并将其放入培养皿中，它不会发育成任何神经组织，不像蝾螈和火蜥蜴组织，只需小小的刺激就可以使其发育成神经组织。当非洲爪蟾的动物帽被隔离在培养皿中时，它就只能发育成纯粹的表皮。然而，如果等待几个小时，直到原肠胚开始形成，然后把同样的动物帽放入培养皿中，它们就会发育成神经组织。在分离的非洲爪蟾动物帽中可以看到，从表皮到神经组织发生了明显细胞系定向的变化，这为寻找难以捉摸的神经诱导物提供了新的途径。

从曼戈尔德和斯佩曼首次报告发现组织者，到1992年加州大学伯克利分校的理查德·哈兰德（Richard Harland）及其团队利用非洲爪蟾胚胎和现代分子生物学策略宣布发现斯佩曼组织者的首个活性成分，已经过去了68年。[11]这种成分是一种神经诱导物，哈兰德及其同事将其发现的这种蛋白质称为"头蛋白（Noggin）"，来自"头"字的俚语。头蛋白由组织者细胞制造和分泌，能够直接诱导全能胚胎干细胞成为神经干细胞。

神经诱导与培育微型人脑组织的秘密

包括我在内的大多数发育神经生物学家都认为，人们最终找到的神经诱导物应当是某种指导细胞成为神经干细胞的分子。所以我们也认为，这应当就是头蛋白的功能。但这一假设是错误的。这种事情在生物学中经常发生。你可能会固执地认为某样事物是这样工作的，但事实却证明它的工作方式几乎完全相反。神经诱导也是如此。对大众预期的逆转，首先来自哈佛大学生物化学和分子生物学院的道格·梅尔顿（Doug Melton）实验室。梅尔顿正在寻找一种信号蛋白，如果将其应用于非洲爪蟾胚胎的动物帽时，它会将其转化为中胚层组织：肌肉和骨骼。他们做到了将搜索范围缩小到一类信号蛋白。梅尔顿实验室的一名博士后阿里·赫马蒂－布里瓦卢（Ali Hemmati-Brivanlou）找到了阻止细胞接收潜在中胚层诱导信号的方法。正如他和梅尔顿所希望的那样，以这种方式处理过的胚胎动物帽，即使接触中胚层诱导信号也不会形成中胚层。但让每个人都感到惊讶的是，这些动物帽形成了神经干细胞，就像它们接触了神经诱导物（如头蛋白）一样。[12]

这一新结果提出了一种令人震惊的可能性：头蛋白可能并不具有诱导性。它也许并不会诱导细胞形成神经细胞，相反，它可能只是在阻止细胞形成其他组织。事实正是如此。有一种信号可以渗透进动物帽，要求细胞变成表皮，而头蛋白的功能是阻断这一信号。头蛋白其实并不具有诱导性，它不会要求细胞成为神经干细胞，它只是阻止细胞成为表皮细胞。所以，对于"神经诱导"来说，"诱导"这个词并不恰当，因为神经诱导物并不能诱导细胞变成神经。如果"神经诱导物"能阻止细胞成为表皮，这些细胞就会默认形成神经干细胞。

像头蛋白这样的神经诱导物（包括随后发现的其他几种神经诱导物），现在被认为是通过阻断一类被称为骨形态发生蛋白（BMP）的信号分子来发挥作用的。[13]BMP 是一种分泌蛋白质，可以诱导外胚层细胞形成表皮。BMP 因其诱导细胞形成骨形态的能力而得名，但后来发现，其对全身都有影响，特别是在发育早期。头蛋白和其他神经诱导物阻断 BMP 信号的机制非常简单：它们将自己伪装成 BMP 的受体分子，并吸收附近漂浮的所有 BMP，从而阻止 BMP 找到真正的受体。然而，不在组织者附近的细胞无法受到这些 BMP 海绵的保护，因此会收到一定剂量的 BMP 信号，导致它们根据基因的指令形成表皮。表皮细胞会产生更多的 BMP，释放到它们的邻居身上，产生一波表皮诱导作用，扩散到整个动物帽，将细胞转化为表皮干细胞。如果没有头蛋白和其他抗 BMP 信号分子保护其中一些细胞不受 BMP 诱导的影响，就不会有神经系统，也不会有大脑。像头蛋白这样的抗 BMP 信号分子是从鸟类和哺乳动物胚胎的节点中释放出来的，这也是节点能够跨物种诱导细胞形成神经组织的原因。

所有脊椎动物都使用相同的基本分子机制来生成神经组织，这进一步说明这些机制的形成可能更早于脊椎动物的起源。18 世纪初，法国博物学家艾蒂安·杰夫罗伊·圣 – 希莱尔（Etienne Geoffroy Saint-Hilaire）强调了所有动物之间的基本相似性。他和许多前辈都认为，所有的动物基本上都是由相同的器官和部位组成的。所有的动物都有消化系统、循环系统、分泌系统、肌肉骨骼系统、外皮（皮肤或角质层）、神经系统等。虽然蠕虫、苍蝇、鱿鱼和人类系统看起来各不相同，但它们都具有这些部分。

有这样一个不知真假的故事，在一次供应龙虾的晚宴上，圣 – 希莱尔（Saint-Hilaire）观察到，躺在餐盘上的这种无脊椎动物在某些角度看起来非常像脊椎动物。正面朝上的龙虾，其神经系统位于腹侧，而其消化系统器官位于背侧，与脊椎动物正好相反。因此，如果将龙虾倒置，其器官排列方式就与正常的脊椎动物恰巧一致。这一猜测后来被称为圣-希莱尔的倒置假说。在接下来的150年里，倒置假说受尽嘲笑，被人所忽视。但在1996年，加州大学圣地亚哥分校的伊桑·比尔（Ethan Bier）的一项研究使得人们开始重新审视倒置假说。比尔发现，果蝇胚胎在背侧展示BMP，在腹侧展示抗BMP信号分子。[14] 他证明，在腹侧阻断BMP信号对于果蝇神经系统的形成非常必要。这与脊椎动物的分子逻辑相同，只不过将腹侧和背侧进行了倒置。圣-希莱尔倒置假说的重现，使进化生物学家开始认真考虑"倒置"的可能性，这可能与大约5亿年前寒武纪脊椎动物的起源有关。

2012年，约翰·格登（John Gurdon）与山中伸弥（Shinya Yamanaka）共同获得了一项诺贝尔奖，他们所做的工作说明人体内几乎任何细胞都可以被重新编码，变得更像全能胚胎干细胞。将细胞重新编码为胚胎状态，意味着我们可以克隆动物。格登是首个从成年动物的细胞核中克隆出一只新动物的人。[15] 这种新动物是一种爪趾青蛙（非洲爪蟾）。从那时起，绵羊（多利）、马、猫、狗和猴子都陆续被克隆出来。在未来主义喜剧《沉睡者》（Sleeper）中，有人拙劣地尝试使用鼻子里的存活细胞来克隆一位伟大的领袖。几年后，哥伦比亚大学的工作人员已经能够使用重新编码的嗅觉神经元克隆一只完整的老鼠。[16]

令人振奋的是，在过去的几十年里，发育生物学家越来越擅长在组织中培养全能干细胞以及控制这些细胞的分化，特别是分化成不同的大脑区域。现在，我们可以从人类身上移除任何细胞，通过分子重新编码，使其变成胚胎干细胞。然后通过组织培养扩增这些细胞，当细胞数量足够多时，让其接触阻断 BMP 信号的神经诱导物，就可以"诱导"其形成神经干细胞。2011 年，日本理化学研究所的笹井芳树（Yoshiki Sasai）发现，通过使用来自发育生物学的技术，他可以诱导胚胎干细胞形成视网膜和大脑皮层等分层神经结构。[17] 由于笹井先生在神经系统早期发育方面的非凡工作，以及他在培养神经组织方面的突破，他一直是我心目中的英雄。科学家们能够认识到使用这种策略来研究人类发育和疾病的巨大潜力，在很大程度上要归功于笹井的工作。遗憾的是，我们已经失去了笹井。他实验室中的一名博士后为了一举成名，刊登了一种只需将成年人细胞短暂浸泡在酸性溶液中就能将其重新编码的方法。正如这名博士后预期的那样，他的论文登上了头条，但其他实验室却无法复制他的结果。理化学研究所的内部调查发现了原因：这篇论文是这位博士后捏造的！尽管笹井本人与虚假数据没有任何关联，但他却被认为在监管方面负有责任。笹井深感羞愧，在论文发表仅仅六个月后，他最终抑郁自杀。这真是天大的损失！几年后，笹井协助开发的这套有效的生化方法，被许多实验室和医院用于对细胞进行重新编码。来自遗传性神经疾病患者的细胞被用于制造悬浮在培养皿中的微型人脑组织。这些微型人脑组织可以表现出与患者相似的问题，从而加速了医学的发展。[18]

尽管能够在培养皿中制造和研究微型大脑是一项令人兴奋的进步，但还是只有人类胚胎中的神经干细胞才能制造出完整的人类大脑。我们将在第二章中继续讲述那些通过几代科学家的努力才获得的，关于原始神经干细胞及其后代的故事。

2

大脑的蓝图

这一章将讲述神经系统如何系统地组织各区域，以及主调控基因怎样启动经历漫长进化而来的模式定向。

神经管

在孕期的第三周，人类胚胎的神经干细胞开始紧密地聚集在一起，形成一层薄薄的组织，称为神经上皮。神经上皮覆盖了部分胚胎表面，其边缘与其周围的表皮上皮相连并接续。假设水果盘里的一颗橙子就是一只刚刚完成原肠发育的蝾螈胚胎，橙子内部就是用于制造动物的肌肉、骨骼和内脏的中胚层和内胚层，而橙子的外皮就是外胚层。用笔在果皮上画一个圆形，这条线可以看作表皮干细胞（圆圈外）和神经干细胞（圆圈内）之间的边界。这就像是有一块神经上皮大陆，其周围环绕着表皮上皮的海洋。如果你仔细观察人类胚胎中神经上皮和表皮上皮之间的边界，你可以看到它微微隆起一圈，使得神经上皮看起来有点像一个餐盘。因此，在这一阶段，神经上皮组织被称为"神经板"。但神经板并不像餐盘那样圆，它的上下较长，左右较短，前部比后部宽。

胚胎细胞不断分裂，胚胎也因此不断生长。胚胎变长的速度比变宽的速度更快，这种生长使得胚胎和神经板在头尾轴上被不断拉伸。与此同时，神经板的左右边缘开始上升，并逐渐向内卷曲。上升的边缘向内卷曲并不断破裂，呈现海浪的形态。来自右侧的波浪和来自左侧的波浪从相反方向翻滚而来，使其波峰相互碰撞。人们可以在现阶段的胚胎截面中看到这类波峰相撞的图像（见图2.1）。当神经嵴相遇时，它们彼此融合，神经板转变成神经管。神经管壁由神经上皮构成，而中心空洞将发育成为脊髓和脑室的中央管道，很快就会开始渗入脑脊液。

神经嵴上升时，会拉起附着的表皮上皮组织。因此，表皮上皮也会在中线汇合，在神经管上方融合在一起。这使得发育中的神经系统可以被安全地包裹在胚胎的外表皮质内，并形成保护性外皮。在孕期大约四周的时候，人类胚胎的神经管通常已经闭合。

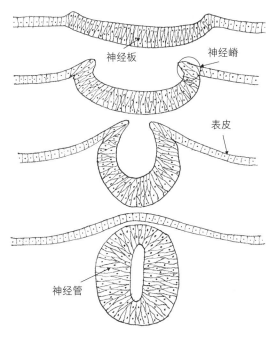

神经板

神经嵴

表皮

神经管

图2.1　神经管闭合

图 2.1 中显示的是神经板转化为神经管的横截面。神经板的神经上皮厚于发育中的表皮。神经板开始卷曲，边缘开始上升，被称为神经峰。神经峰在顶部（背侧）相互融合，形成由神经上皮细胞构成的神经管。表皮细胞也融合在一起，将神经管包裹在内。

神经管的成功闭合是人类生命发育过程中一件至关重要的事情。神经管的发育缺陷并不少见，大约每一千例妊娠中就会出现一例。导致大脑无法形成的神经管缺陷（称为无脑畸形）是致命的缺陷，而脊柱裂（源自拉丁语，意为"分裂的脊椎"）是由神经管和覆盖表皮未完全闭合导致的，也是最常见的神经管缺陷，约占所有神经管缺陷的 40%。这一缺陷如果发生在脊椎区域，出生后有一定的存活率。脊柱裂中由于神经管未完全闭合而造成的缝隙虽然可以在出生后不久由外科医生缝合，但通常此时脊髓发育已经严重受损，导致各种各样的终生问题，包括下半身活动和感觉能力的损伤，以及由脑脊液循环和维护问题导致的上半身神经损伤，还会缩短平均寿命。正因如此，人们现在正在努力开发当胎儿仍在子宫时能够进行的手术修复程序，以尽早纠正这类缺陷，并带来更好的治疗结果。[1] 通过确保女性在怀孕早期摄入足够的维生素 B9（又称叶酸），人类神经管缺陷的发病率减少了约 70%。然而，由于在大多数女性知道自己怀孕之前，胚胎中的神经管就已经闭合，而在此之后服用叶酸补充剂对于预防神经管缺陷效果不佳。因此，现在加拿大和美国等国家已经通过法律强制要求使用叶酸强化谷物和面粉等食物，使得这些国家胎儿神经管缺陷的发病率大幅下降。如果其他国家如此效仿，每年可以有效减少神经管缺陷病例！

种系特征发育阶段的大脑

神经管阶段也被称为尾芽阶段，人类胚胎一般在孕期一个月左右到达这个阶段。这时候的胚胎仍然很小，比芝麻大不了多少。人类胚胎在这一阶段似乎有个小小的尾巴。成年人的尾骨来自我们脊椎动物祖先几块独立的尾骨。在进化过程中，这些尾骨融合在一起，形成了脊椎底部的一小块骨头。类似的进程在人类发育过程中也会发生，即形成一个尾状结构，然后在发育过程中被吸收。

人类胚胎中尾状结构的存在，使其看起来更像其他有尾巴的脊椎动物胚胎。亚里士多德指出，不同物种的胚胎往往比其成年时看起来更为相似，不同物种的胚胎阶段的相似度更是高于同一物种的胚胎和成年阶段。自然学家卡尔·冯·贝尔（Karl von Baer，1792—1876）根据几个世纪以来所做的许多此类观察，提出了胚胎学第一定律。该定律指出，对于一个群体中的相关物种，其共同特征的发育将先于其专门特征。这可能是对于进化和发育之间错综复杂关系的首个关键观点。雄心勃勃的胚胎学家恩斯特·海克尔（Ernst Haeckel）也想要寻找自己的胚胎学定律。正是他创造了声名狼藉的"胚胎重演律"。海克尔认为，在发育过程中，每种动物都会经历一系列的发育阶段，而每个阶段都与其进化祖先的成熟阶段非常相似，这就能解释为什么人类胚胎在早期似乎有一个小尾巴。

海克尔篡改了他的胚胎图来支持他的假设，这使他成为科学史上一个臭名昭著的人物。这种对图像的篡改行为让他颜面扫地，尽管他的想法非常特别，但归根结底还是错误的。正如进化生物学家斯蒂芬·J. 古尔德（Stephen J. Gould）在其著作《个体发生与系统发育》中指出的那样，进化产生的变化并不仅仅是在其祖先成年阶段上进行简单的补充，而是体现在发育的多个阶段。[2] 然而，系统发育是一个漫长的过程，在这个过程中，动物通常会变得越来越复杂。因此，与其早期阶段相比，进化对胚胎发育的后期阶段会产生更大影响，这也符合冯·贝尔的胚胎学定律。现在看起来，海克尔关于胚胎需要经历一系列类似于祖先成年阶段的想法似乎荒唐可笑。

对于脊椎动物和其他动物群体来说，在最早的发育阶段通常就可以区分出不同的物种。以鸟类为例，人们只要看看鸵鸟那巨大的白蛋，就能知道它可以孵化出什么，或者看看一窝三个带有斑点的天蓝色小蛋，就可以猜到它们可以孵化出知更鸟。专家可以辨别数百种不同的鸟蛋。因此，让人难以理解的是，在尾芽阶段，所有脊椎动物的胚胎（鱼类、两栖动物、爬行动物、鸟类和哺乳动物）看起来都惊人地相似，而且很难区分。但事实上，在发育的最早和最晚阶段，不同的脊椎动物胚胎看起来更为不同，这使得进化和发育呈现一种类似"沙漏"的形态。[3] 在这一沙漏模型中，一个群体中的胚胎解剖结构在某一阶段（既不是最早也不是最晚，而是发育的中期阶段）最为相似。所有群体成员胚胎最为相似的这一时期，被称为种系特征发育阶段。

脊椎动物的种系特征发育阶段是尾芽期，神经管在这一阶段的种系特征尤为明显。所有脊椎动物的神经管从头到尾非常细长，背部笔直或轻微弯曲，到尾部时变窄。神经管的前部（形成大脑的部分）开始扩张，并具有一些连续的曲线。沿着神经管向下，有一组明显的收缩处，就像是一个细长的气球被紧绷的橡皮筋勒住一样。这些收缩之间是隆起的神经上皮，所有脊椎动物都拥有相似形态的神经管（见图 2.2）。

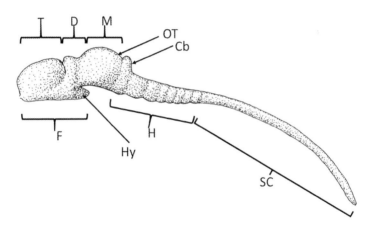

图 2.2　脊椎动物尾芽期的神经管

在种系特征发育阶段，所有脊椎动物物种的中枢神经系统都非常相似。前脑（F）由端脑［T，其顶部（背侧）部分将形成大脑皮质］和间脑［D，其底部将形成下丘脑（Hy）］组成。中脑（M）位于前脑后方，中脑的背侧部分将形成视顶盖（OT）。中脑的后方是后脑（H），由一系列凸块组成，其最前端将形成小脑（Cb）。后脑的后方是脊髓（SC）。

在 20 世纪 20 年代，尼尔斯·霍姆格伦（Nils Holmgren）认识到，所有脊椎动物胚胎神经管在解剖学上的相似性，可能构成了脊椎动物大脑的原型蓝图（Bauplan，源自德语的"建筑计划"）。例如，神经管前部的三个膨胀凸起构成了所有脊椎动物的前脑、中脑和后脑。霍姆格伦的这一观点使得人们在不同物种的不同大脑部分之间发现了几个解剖学上的相似之处，而这些相似之处以前从未被认识到。[4] 例如，鸟类和哺乳动物的大脑之间以前被认为存在根本性的差异（即鸟类完全没有大脑皮质）。但是，当从大脑蓝图的角度进行观察时，人们可以在鸟类胚胎中看到，在哺乳动物中向外折叠的神经上皮区域（在大脑外部形成大脑皮质、外皮或神经组织的区域），在鸟类的大脑中向内折叠。最近的研究表明，鸟类大脑的这一内部区域充满了与哺乳动物类似的神经元，以类似的方式与大脑皮质相连。

头部形成

关于大脑的一个最基本的问题是：为什么大脑在头颅里面？最古老的拥有神经系统的动物既没有头也没有大脑。在这些有神经系统的物种的后代中，几乎保持原样的是一些径向对称的刺胞动物，比如水母。水母有神经系统，但没有大脑。它们的神经元分散在全身各处，但没有中央指挥中心。双侧对称的动物大约在 6.5 亿年前进化而来，它们主要朝着一个方向移动，也就是向前。这些向前移动的动物将它们的嘴巴和处理整合这些感觉信息的器官和神经元都挪到了身体前部。这一进化过程被称为"头化"。通过这一过程，动物进化出了头部区域，且在这一区域中有一个被称为大脑的神经元聚落。

头化程度最高的动物是一些昆虫（如蜜蜂）、头足类动物（如章鱼）以及脊椎动物（如人类）。进化树显示，与章鱼或蜜蜂相比，脊椎动物与头化程度较低的海星有着更近的共同祖先。同样，头足类动物和昆虫与头化程度较低种群的亲缘关系比它们彼此之间的亲缘关系更密切。这表明，头化是一种强大的进化力量，至少可以在动物界的三大分支中独立运作。

在脊椎动物中，头化自神经诱导时开始，此时神经板的前半部分（将形成大脑）已经比其后半部分（将形成脊髓）发育得更大。神经管闭合后，形成了一些凸块、弯曲和收缩的部分，神经管也开始分裂为大脑的不同区域：前脑、中脑和后脑。随着发育的进行，出现了更多的收缩和更多的区域。后脑被分成几段微小的凸块，每段凸块将形成后脑的不同部分（例如，其最前端或最顶部将形成小脑）。神经管变成了很多小段，就像是一条蠕虫。这种分段在成年人的脊椎中体现得非常明显。我们共有 33 块椎骨，其间的每个间隙都有一对脊神经。每对节段神经将脊髓与身体的特定区域连接起来。神经管的前脑和中脑区域也呈现分段的趋势。例如，前脑被分为称为"端脑"（源自希腊语，意为"终端"和"大脑"）的前部区域（大脑皮质的来源区域）和称为"间脑"（源自希腊语，意为"中间"和"大脑"）的后部区域（视网膜、丘脑和下丘脑的来源区域）。神经管的所有子区域产生了所有脊椎动物大脑的同源部分，这种基本组织结构是非常古老的。因此，不同种类脊椎动物大脑的最大区别不是它们的基本组织结构，而是其区域的相对大小。例如，实验鼠和松鼠大脑大小相似，但实验鼠的上丘区域（中脑背侧涉及空间定向的区域）却比松鼠的大十倍。[5]再例如，从霸王龙头骨化石中获得的脑组织表明，对于同等大小的恐龙来说，霸王龙的大脑相对较大，而且嗅球相对发达，使其拥有敏锐的嗅觉。[6]

头尾

现在，我们可以稍微放下有关大脑的话题，思考一下发育生物学中最令人惊叹的发现之一。这一发现来自一位身材矮小、有点害羞，但才华横溢的遗传学家——埃德·刘易斯（Ed Lewis）。刘易斯主要是在加州理工学院实验室的夜晚独自工作，在其漫长的职业生涯中，他几乎没有引起过多少关注。他在 1957 年研究了日本广岛和长崎原子弹爆炸幸存者的医疗记录[7]，这项研究警告世界，即使是最低剂量的辐射也会增加患癌症的风险。他被要求在参议院委员会中为其数据作证，这些数据随后在其他研究中也得到了证实。刘易斯的早期研究对促进颁布有关辐射暴露的各种政策起到了重要作用。但刘易斯更伟大的成就是他发现了一组能够调控果蝇胚胎不同体节发育的基因，这项重要研究为他赢得了 1995 年的诺贝尔奖。

刘易斯是阿尔弗雷德·斯特蒂文特（Alfred Sturtevant）的学生，而斯特蒂文特为 20 世纪初在哥伦比亚大学著名的果蝇遗传学实验室工作的托马斯·亨特·摩尔根（Thomas Hunt Morgan）的同事。该实验室收集了一种被称为黑腹果蝇（就是那些在你的果盘边飞来飞去的小家伙）的果蝇突变体。摩尔根实验室里有数千个奶瓶，里面装满了不同的突变体。这些突变体通常能通过其对成年果蝇结构的影响分辨出来，例如身体不同部位的存在、大小、颜色和形状。突变体包括翅突变体、眼突变体、腿突变体、刚毛突变体、染色模式突变体等。摩尔根及其同事使用这些突变体来揭示最重要的遗传学原理。例如，他们基于孟德尔（Mendel）在 19 世纪中期对豌豆所做的实验，"重新发现"有关显性基因和隐性基因的分离定律。斯特蒂文特更进一步，将突变定位到特定染色体的具体区域。这些区域是控制突变影响特征的基因所在区域。

刘易斯对这些突变体非常感兴趣，这些突变体的某个身体部位看起来像是变成了另一个身体部位。这一现象被称为"同源异体"（源自希腊语，意为"变得像"）。果蝇就是同源异体突变的一个例子，它的触角似乎变成了从头部前面长出来的一条腿。刘易斯研究了许多果蝇不同身体部位相互转化的同源变异突变。他的基因图谱实验显示，其中几项突变发生在一条染色体上的一小段距离上。最令人惊讶的是，这些突变可以有序排列，将其在染色体上的位置与其对身体的影响联系起来。刘易斯发现，这些突变在 DNA 上的线性顺序反映了它们在突变果蝇体内的同源异体突变的头尾位置。用另一种方式来说，就是相邻基因会影响相邻体节。[8]

这些突变所在的 DNA 序列包含一组从头到尾排序的基因。其中，第一个基因在最前部的体节中起最大作用，第二个基因则作用在下一个体节中，以此类推。每个基因可生成一个略微不同的转录因子，这些转录因子共享着一个被称为"同源盒"（以表明这些转录因子的同源异体功能）的氨基酸序列。转录因子是一种蛋白质，它可以与细胞 DNA 中的特定位点结合，并激活或关闭这些结合位点附近的基因。通过这种方式，转录因子（比如这些同源基因转录因子）可以影响数百个其他基因。果蝇有 8 个这样的同源盒，我们姑且称之为"同源"基因。最前端的同源基因用于构建头部，而最尾端的则用于构建腹部。刘易斯指出，任何同源基因的缺失都会导致其在作用的特定体节向更中胸部的特性转化。在他一项著名实验中，去除作用在第三体节的同源基因导致该体节转化为中胸部体节（形成翅膀的地方），发育出一只有四个而不是两个翅膀的果蝇。

双翼蝇类的进化祖先是四翼昆虫，如蝴蝶和蜜蜂。大约在 2.4 亿年前，在蝇类起源中，一个关键的变化是这些昆虫失去了一对翅膀。这一同源基因的突变似乎可以逆转这一古老的进化事件。比昆虫更古老的是有着多体节的节肢动物，如千足虫和蜈蚣，它们的大部分体节基本都是相同的。这类生物的每个体节都拥有一对足和一小段神经索。人们认为，原始的同源基因被多次复制，形成了一组同源基因，这些基因以有序的方式排列，并控制特定体节的发育。每个同源基因都会为原来特性相同的体节赋予新身份。作用在昆虫尾部体节的同源基因去除了腿部，并使这些体节成为腹部。头部区域的同源基因将原本可能含有腿部的体节转化为具有典型头部结构（如触角或鼻子，而不是腿）的体节。面象虫和其他昆虫一样都有六条腿，但如果去除面象虫胚胎中所有的同源基因，那么发育出来的动物就有着 15 对腿。比起昆虫，它更像一只小蜈蚣。同时，这种做法也抹灭了这种昆虫 4 亿年来为进化所付出的努力。[9]

在整个动物界，在胚胎发育期间，同源基因被用于根据胚胎的头尾位置来区分体节或胚胎区域。像大多数脊椎动物一样，人类最终拥有四个同源基因簇（A、B、C 和 D），每簇都包含 10 多个同源基因，名称类似 HoxA1 或 HoxB2。字母 A 到 D 表示该基因属于哪个同源基因簇，数字 1 到 13 则表示该簇中的每一个基因。数字小的同源基因活跃在大脑的前部区域，而数字大的同源基因则活跃在脊髓的后部区域。

进化并不擅长创造全新的基因。相反，进化会利用先前存在的基因并做出改变，以使其拥有不同的功能。由于有四个同源基因簇，这些基因可以改变其用途，并拥有更特殊的功能，因此，同源基因突变在脊椎动物中并不总能产生像蝇类那样的影响。不过，同源基因的保守性，以及其在构建身体方面发挥类似功能的事实，确实是一个伟大的发现。例如，当小鼠体内某个特定的同源基因缺失时，小鼠后脑的特定部分就会受到影响。在人类中，同一同源基因的突变会导致"阿萨巴斯卡脑干发育不良综合征"，这一综合征最初发现于少数阿萨巴斯卡人或德涅人后裔的美洲原住民。如果影响小鼠后脑发育的基因在人类中发生突变，将导致耳聋、呼吸困难和面部瘫痪，以及与小鼠相似的凝视问题，因为这一基因所作用的体节包含了控制眼球转动的关键运动神经元。[10]

致畸物

在对果蝇突变体进行简短介绍后，现在让我们回到大脑这个话题，走进 20 世纪 50 年代乌得勒支荷兰发育生物学研究所胚胎学家彼得·尼乌库普（Pieter Nieuwkoop）的实验室。在神经板或早期神经管阶段，尼乌库普沿着宿主青蛙胚胎头尾轴的特定位置，植入了尚未诱导的外胚层瓣。他将组织瓣植入宿主的神经上皮中，以使宿主细胞被诱导成为神经细胞。他得出了两项惊人的结论。首先，前脑结构总是在顶端发育，这也是移植物距离宿主最近的区域。无论将移植物植入宿主胚胎的前部还是后部，前脑结构总是在顶端形成。其次，移植物中发育的最尾部区域对应该移植物被植入的宿主胚胎区域。例如，当尼乌库普将移植物植入宿主的前脑区域时，它只形成了前脑神经组织（见图 2.3）。如果植入宿主的中脑区域，则移植物就会形成距离宿主最近的中脑结构，然后是顶端的前脑结构；当植入后脑中时，它会在此处形成后脑、中脑，最后是顶端的前脑。为解释这一结果，尼乌库普推测，当外胚层被诱导形成神经后，移植物越接近宿主的尾部区域，就越具有尾部特征。[11]

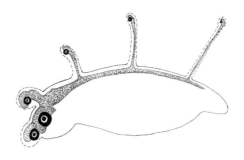

图 2.3 尼乌库普的 1952 年实验

全套外胚层移植（由虚线包围）到宿主不同头尾位置的整体视图。所有移植物均可形成神经组织（点状），连接宿主的中枢神经系统（同样为点状）。每次移植都会在顶端形成前脑（包括眼睛），但在其植入宿主的区域，移植物将承担宿主神经管相同位置的功能（见正文）。每次移植都会形成相同数量的神经组织，因此若移植物距离尾部更近，用于前脑的神经组织数量会变得更少。

尼乌库普认为应当有一种梯度，其在尾端最高，并可将神经组织转变为更多的尾部神经结构。事实证明，这个想法是正确的。首个（也是最有效的）被发现具有这种活性的分子被称为维甲酸（retinoic acid）。各种脊椎动物的胚胎如果浸泡在极低浓度的维甲酸中，它们会发育出更多的尾部和更少的头部；如果浸泡在略高水平的维甲酸中，它们可能完全不会发育出头部。维甲酸是由维生素 A 在细胞内通过一系列酶反应生成的。产生维甲酸的酶在胚胎尾端活性最高，而顶端细胞则会产生分解维甲酸的酶。在这一源汇体系下，维甲酸的梯度相当稳定，在神经管尾端较高，在顶端较低。细胞所处的梯度越高，就越有可能发育成尾部。

现在，我们可以跟随维甲酸分子穿透神经上皮细胞的细胞膜，将维甲酸的影响与同源基因联系起来。当维甲酸分子进入细胞膜后，它们就会进入细胞核，与其结合并激活等待的受体。这些激活的受体将启动同源基因。低水平的维甲酸只激活数字小的同源基因（即在头部活跃的同源基因），而当细胞中的维甲酸浓度在尾部升高时，数字大的同源基因被激活。正如尼乌库普所预测的，由于数字大的同源基因提供了更多的尾部体节特征，维甲酸对神经组织的转化作用呈现明显的尾端效应。[12] 每个同源基因根据特定的维甲酸阈值被激活，让维甲酸的平滑梯度被划分为由特定同源基因的表达所决定的独立体节。

例如，胡萝卜中所含的胡萝卜素分解生成的维生素 A 是视力所必需的维生素。然而，在怀孕期间，由于维甲酸的缺失，缺乏维生素 A 会引起一系列胎儿畸形问题。当然，维甲酸过量也不是什么好事。如果胚胎接触高浓度维甲酸，同样会干扰许多发育过程。维甲酸的水平必须小心控制，即使只是过多摄入了一点，对人类胚胎而言也非常危险。这是由瑞士罗氏制药公司在 20 世纪 60 年代公布的结论。他们发现，维甲酸虽然是一种治疗严重痤疮的有效药物，但如果给孕妇服用，可能会带来出生缺陷的问题。这一物质后来被称为致畸物，它具有导致人类胚胎畸形的风险。这种药物在 20 世纪 80 年代以异维甲酸（又名罗可坦）的名称发布，并附有风险警告，但有时仍然会被开给孕妇，这导致了数千名婴儿患有严重的出生缺陷，包括不可逆转的脑损伤。现在，维甲酸在治疗痤疮方面的应用受到了更严格的控制。多年来，美国国家卫生研究院（NIH）研究畸形学的部门一直在支持美国关于发育神经科学的研究。该研究院并未开设专门的发育神经科学研究所，但设有支持大脑发育研究的儿童健康和人类发展研究所。

背腹

神经板和神经管沿头尾轴的构建形成了神经系统的分节。现在，让我们思考一下神经板沿另一条轴的延伸线，这些延伸线将各分节划分为从背侧（最靠近胚胎背部）到腹侧（最靠近胚胎腹部）的区域。以脊髓为例，脊髓的不同节段控制着身体的不同部位。当你赤脚踩到锋利的东西，记录疼痛的外周感觉神经元会向脊髓发送信号，以激活运动神经元来抬起你的脚。对疼痛敏感的感觉神经元轴突会进入脊髓腰椎节段的背侧，与该处的运动神经元形成突触。这些运动神经元的轴突从这些节段的腹侧部分离开脊髓。当你用手指触摸过热的东西时，也会出现类似的退缩反射，但这时，对应的感觉神经和运动神经将从颈椎节段的背侧和腹侧部分分别进入和离开神经管。因此，神经管的头（手）尾（脚）节段模式将被背（感觉神经）腹（运动神经）组织所替代。

感觉疼痛、触摸和温度的神经元来自背侧神经管，而运动神经元则起源于神经管的腹侧部分。其实，我们已经非常熟悉建立神经管背腹区域的成形素，它们就是参与神经诱导的相同分子。神经管的背部最靠近上覆的表皮。你可能还记得，我在第 1 章中说过，表皮会分泌骨形态发生蛋白（BMP，头蛋白），而神经管的腹侧部分直接位于脊索（是斯佩曼组织者的主要衍生物，也是头蛋白等抗 BMP 分子的来源）顶部。这就形成了一种从背到腹、从高到低的 BMP 活性梯度，并渗透到神经管的每个节段。

通过一系列有关动物构建模式的巧妙实验，人们发现了作为相反梯度的第二成形素。20 世纪 80 年代，在图宾根的马普发育生物学研究所工作的克里斯汀·纽斯林·沃尔哈德（Christiane Nüsslein Volhard）、埃里克·威斯乔斯（Eric Wieschaus）及其团队为寻找控制身体模式的所有基因，对果蝇几乎所有基因都逐个进行了突变。[13] 他们发现了数千个胚胎突变体，当这些突变体发育到孵化前阶段时，由于身体某些部分严重变形，导致它们无法破壳而出。于是，他们人工从卵壳中解剖出这些微小的突变胚胎，并将其置于显微镜载玻片上仔细检查。他们看到了惊奇的景象！有的胚胎两端有头或两端有尾、有的胚胎前半部分体节变成后半部分体节，有的突变体出现体节缺失或重复、还有的突变体产生各种背腹模式缺陷。数百种新基因与这种模式缺陷有关，而在各种动物身上对这些基因进行的后续研究完全改变了发育生物学领域，这也就是纽斯林·沃尔哈德、威斯乔斯与埃德·刘易斯共同获得 1995 年诺贝尔奖的原因。

纽斯林·沃尔哈德和威斯乔斯在寻找发育突变体时发现的许多基因都是根据其突变时的缺陷命名的，这是基因命名的一种相对常见的做法。在一种新基因突变的胚胎中，每个幼体体节光滑或裸露的一半被移除，只留下被绒毛或刚毛覆盖的另一半。这种胚胎刚从卵壳中取出时，又短又粗，全身被尖刺覆盖，因此这种基因被称为刺猬基因（hedgehog）。在蝇类基因被克隆后，研究鱼类胚胎和鸡类胚胎的发育生物学家克隆了这种基因的脊椎动物版本，并很快证明了这些类似刺猬的基因在脊椎动物胚胎的构建中也发挥了作用。蝇类基因的脊椎动物版本被称为音速刺猬（sonic hedgehog，根据著名电子游戏中的同名角色命名）。在脊椎动物胚胎中，音速刺猬蛋白对 BMP 起逆梯度作用（其在神经管中腹高背低）。将鸡神经管中部的一块神经上皮细胞放入培养皿并接触音速刺猬蛋白，它会产生运动神经元；但如果接触 BMP，它就会产生感觉神经元。

神经管内从背侧到腹侧存在许多区域，这些背腹区域产生于神经管细胞对 BMP 和音速刺猬梯度的诠释。研究表明，音速刺猬是以相反方式调节成对基因来工作的，这使得人们对于梯度如何被分解成独立区域的认识更加深入。一对基因中的一个将在特定的音速刺猬阈值水平开启，而另一个却在相同音速刺猬水平关闭。这些成对的基因编码转录因子并激活许多下游基因，以相互抑制。这种交叉抑制将迫使细胞激活成对基因的其中一个，但绝不同时激活两个。[14] 因此，细胞只会属于其中一个区域，而且区域之间的边界在特定的音速刺猬阈值水平非常明显。不同基因对不同阈值水平的音速刺猬做出反应，划分出了几条这样的界线。因此，每个区域都可以表达调节不同靶基因的独特转录因子组合，然后靶基因将被用来制造特定类型的神经元。

成形素

维甲酸、音速刺猬和 BMP 等分子梯度以扩散梯度的形式用于构建组织，被称为成形素。在伦敦大学学院工作的发育生物学家刘易斯·沃尔伯特（Lewis Wolpert）展示了如何使用图灵（第 1 章）所设想的单一成形梯度来构建发育中的动物。[15] 沃尔伯特考虑了胚胎在某一区域产生成形素的情况。此为其"源"。接下来，活跃的成形素通过组织扩散，但一种能中和成形素的因子开始从胚胎的另一区域被释放出来。此为其"汇"。这种情况导致源附近的成形素水平较高，而汇附近的成形素水平较低。在源汇之间就是成形素的梯度。沃尔伯特使用这一概念来解释梯度如何构建人体器官系统的标准比例、大小、形状、方向和顺序。他选择的比喻是三色旗——蓝、白、红三色的法国国旗。成形素的源就是左侧的蓝色区域，而汇就是右侧的红色区域。当从左到右穿过旗帜时，成形素的浓度就会降低。现在想象一下，旗帜上布满了能够感知成形素浓度的细胞。当感知到成形素浓度高于特定阈值时，它们就会激活"蓝色"基因；低于这个阈值但高于另一个较低阈值时，它们就会激活"白色"基因；而"红色"基因则在默认状态下激活，也就是成形素水平低于激活"蓝色"或"白色"基因的阈值。只要拥有这两个有效的源汇侧边区域和中间均匀的梯度，细胞的旗帜就会保持其蓝白红的比例，无论其是大是小。

随着胚胎的生长，神经管变得更大更长，新的成形素源汇开始出现，以此构建神经系统。例如，音速刺猬首先由位于神经管腹中线下方的脊索产生。因此，神经管这一区域接触最高水平的音速刺猬。同样，神经管的最背侧部分接触最高水平的 BMP（由上覆表皮产生）。由于这些接触，神经管自身的最背侧部分开始表达 BMP，而最腹侧部分开始表达音速刺猬。随着胚胎的发育，这些成形素的原始源（脊索和表皮）距离神经管越来越远，因此新的本地信号中心变得更加关键。

中脑和后脑的交界处是神经管发育过程中另一个关键的局部信号中心。这一交界处位于神经管最初的收缩处之一，使成形素对邻近大脑区域的形成具有重要的组织影响。如果将这一边缘区域的一小部分从一只鸡胚胎移植到另一只鸡胚胎的前脑区域，移植处的宿主细胞就会形成额外的小脑，而另一侧的宿主细胞就会形成额外的中脑。换句话说，这一小块神经组织能够通过释放一种或多种成形素来规划周围的大脑区域。中脑/后脑交界区的细胞释放的关键成形素之一是一种被称为 Wnt（发音为 Wint）的小型分泌蛋白。Wnt 最初是在研究某些病毒（"肿瘤病毒"）的致癌原因时发现的。1983年，罗尔·努塞（Roel Nusse）和哈罗德·瓦姆斯（Harold Varmus）正在研究一种小鼠乳腺肿瘤病毒。他们发现，当病毒感染细胞时，它会复制自己的 DNA，而这种复制有时会"跳入"宿主细胞自身的 DNA 中。努塞和瓦姆斯搜索了 DNA 中发生这种整合并导致肿瘤的区域，并将其发现的首个整合位点命名为"int-1"。[16] 他们推测，病毒 DNA 在 int-1 位点的整合增强了附近致癌基因的表达。他们的结论是正确的。int-1 附近的基因被证明是一种分泌蛋白的同源物，该蛋白已被确认为导致果蝇产生无翅突变体的原因。果蝇中的这一基因被称为（你猜对啦）无翅基因，因此这种 int-1 基因被命名为 Wnt1。人类大约有 20 种不同的 Wnt 基因。当去除小鼠体内的 Wnt1 基因时，它们当然不会失去翅膀，但会失去大部分的中脑和小脑。在中脑/后脑交界处释放的 Wnt 被反 Wnt 分子所抵制，这些反 Wnt 分子以其无法正常工作时可能导致的缺陷命名，比如希腊神话中禁止活人进入冥界大门的三头狗"Cerberus"，或是意为"头脑迟钝的"或"固执的"的德语单词"Dickkopf"。在中脑/后脑交界处产生和释放 Wnt，并在神经管的前端产生和释放抗 Wnt 分子，为这种强大的成形素创造了源和汇，从而创造了局部的成形梯度，有助于构建大脑的前部区域。

所有这些头尾、背腹以及新的局部成形素源汇，可以将神经管划分为具有特定区域特征的神经干细胞组。果蝇和小鼠之间的显著相似之处在于，其头尾和背腹成形素在不同阈值中调节某些转录因子的编码方式，表明这是大脑构建模式的古老进化特性。也许，昆虫和脊椎动物也从使用类似发育机制的共同祖先继承了这一基本蓝图。

为了深入验证这一想法，海德堡欧洲分子生物学实验室的德特尔夫·阿伦特（Detlef Arendt）一直在研究一种名为沙蚕的海洋蠕虫的神经系统。这些多毛纲蠕虫是一种节肢动物，每一节都有一对刚毛附肢。化石记录表明，这类蠕虫的起源大约在 5.15 亿年前的寒武纪初期附近，来自进化树在脊椎动物起源之前的一个分支。沙蚕保留了与这些早期化石的形态相似之处，这表明这些现代后裔保留了其远古祖先的许多特性。沙蚕的神经系统是一条分段的神经线，贯穿整个身体，头部有大脑和感觉器官（如眼睛）。阿伦特和他的同事们发现，沙蚕胚胎具有许多与纽斯林·沃尔哈德和威斯乔斯在果蝇中首次发现的构建基因相对应的基因，这些基因同样用于构建神经系统。17 一个发人深省的想法是，构建神经系统的古老程序引领着大脑不同区域的发育，并在蝇类和人类等多种动物大脑中相对位置保留保持不变的功能。

在本章和其他章节中讨论的许多发育通路都是非常古老的，并在不同动物中反复用于类似的目的。但值得一提的是，就像同源基因一样，随着大脑的进化，许多用于构建大脑模式的成形素也被用于其他功能。例如，我们曾在第一章中看到，在神经诱导的过程中，BMP 会使外胚层的细胞变成表皮而不是神经；但在本章中，我们发现 BMP 的用途被迅速改变，用以构建背侧神经管，而不会使其成为表皮。后来，它还会被用来帮助细分大脑的其他部分。Wnt 用于将大脑划分为不同的区域，但也用于驱动组织的生长。事实上，正因如此，它最初被发现时是一种癌症基因。人们发现，构建不同的有机体就像在钢琴上演奏拉赫玛尼诺夫、贝多芬钢琴曲或爵士乐，以不同的组合方式使用相同的琴键。构建新的结构并不需要新的基因。

眼睛

让我们开始寻找神经系统一个特殊部分的起源——我们两只眼睛的视网膜。我们可以回想神话中的独眼巨人波吕斐摩斯，奥德修斯引诱他陷入醉酒昏迷状态，然后将一根锋利的木桩插进他额头中央的那只大眼睛。波吕斐摩斯是西西里地区神话中的一位牧羊独眼巨人。而在 1957 年，在真实的爱达荷州，牧羊人发现了一种高发病率的独眼羔羊，这种羔羊出生时头中央有一只眼睛。在美国农业部的帮助下，人们发现罪魁祸首是由加州玉米百合（山藜芦）自然产生的一种化学物质，怀孕的绵羊有时会在这片地区放牧。显而易见，这种化学物质被称为环巴胺（cyclopamine，来自单词"独眼巨人 cyclop"），其作用机制几十年来一直不为人所知。然而，在发现音速刺猬并了解其成形效应后，人们终于发现，环丙胺的主要作用是抑制音速刺猬的信号。[18]

和所有脊椎动物一样，在怀孕绵羊的胚胎中，两只眼睛来自一个单独的区域，即位于神经板前部和中部的"眼区"。当神经板形成神经管时，两个腹侧凸块开始出现在前脑区域。这些凸块，也就是眼区的左翼和右翼，正在成为左眼和右眼的雏形。将眼区划分为这两个凸块取决于在中线释放的音速刺猬。对于波吕斐摩斯来说，当他还是一个胚胎的时候，可能是因为音速刺猬信号通路的突变，也可能是因为他母亲的饮食中含有环巴胺，导致眼区没有分裂，形成了独眼。但对于人类来说，几乎所有这样的病例都需要付出生命的代价。

婴儿美丽的眼睛就起源于这一中央眼区，这是由决定眼睛内在特征的转录因子所确定的。如果说眼睛发育有一个主调控基因，那么名为 Pax6 的基因肯定榜上有名。如果两个 Pax6 基因副本在小鼠胚胎中均发生了突变，那么这只小鼠在出生时就没有眼睛。到目前为止，Pax6 基因在所有被测试的脊椎动物眼区都处于开启状态。这种蛋白在哺乳动物中具有高度的保守性。例如，其小鼠版本与人类版本完全相同。Pax6 在所有动物中的高保守性让发育生物界为之震惊。1994年，沃尔特·盖林（Walter Gehring）团队发现，自 20 世纪20 年代被发现后，因其没有眼睛而得名的"无眼"果蝇突变体，其果蝇版本的 Pax6 基因发生了突变。基因转移实验令人震惊地证明了 Pax6 基因功能的高度保守性。[19] 这些实验表明，人类 Pax6 基因可以取代果蝇的基因版本，拯救原本没有眼睛的突变果蝇。这一点尤其令人惊讶，因为在此之前，大多数生物学家认为昆虫复眼的进化完全独立于脊椎动物的相机式眼睛。确实，当时的科学家考虑到眼睛的多样性，认为眼睛在动物界可能已经独立进化了 40 多次。然而，现在人们认为，眼睛可能只是简单地进化了一次，然后变化成了无数种形式。

只要有合适的转录因子，就能启动将组织转化为眼睛所需的所有基因。果蝇还有许多其他基因，当这些基因发生突变时，也会导致眼睛发育失败。不仅是"无眼"基因，还有诸如"无眼双胞"、"失眼"、"缺眼"和"正眼"（源自拉丁语，意为"无眼"）等基因。这些眼睛基因可为转录因子编码，其中一些可以相互激活，从而形成一条自我调节的分子通路，开启所有用于制造眼睛的基因。由于这一网络可以自我调节，其中任何一个因子的活动都可以带领整个网络开始行动。当盖林实验室故意引导 Pax6 基因在果蝇胚胎的触角、腿部、翅膀和生殖器等区域活跃时，戏剧性的事情发生了——这只果蝇的所有附肢都变成了眼睛。想象一下，一只果蝇全身长着15只眼睛，却没有腿、翅膀、触角和生殖器！同样，如果青蛙的眼区基因在其胚胎的不同部位被激活，即使在腹部或尾部区域，也可能长出额外的眼睛！[20]

像大脑其他区域一样，脊椎动物神经板的眼区之所以能够形成，是因为它位于用于构建神经管的成形素浓度梯度中的正确位置，从而开启所有必要的转录因子，比如 Pax6。对参与造眼的成形信号和主要调节器的了解，使现代科学家和临床医生能够在组织培养皿中使用人类胚胎干细胞培养视网膜组织。通过这种方式，我们可以培养用于修复视网膜的细胞。研究人员现在还可以利用来自患者的干细胞来制造视网膜细胞，如视杆细胞和视锥细胞，这些细胞在基因上与患者自身细胞相同，可用于医学检测或潜在的替代物。

大脑皮质区域

1909 年，在柏林大学神经生物实验室工作的神经学家科比尼安·布罗德曼（Korbinian Brodmann）确定了各种哺乳动物大脑皮质的数十个不同区域。[21] 他通过在显微镜下观察大脑皮质的切片并记录其组织学特征（例如，大脑皮质各层中不同类型神经元的排列和数量）来完成这项工作。布罗德曼从组织学上将人类大脑皮质分为 52 个不同区域，其中许多区域现在被称为布罗德曼区域，分别处理特定类型的信息（见图 2.4）。例如，布罗德曼 1 区是体感皮质，17 区是视觉皮质，22 区是听觉皮质。尽管布罗德曼的方案多年来一直受人推崇，但我们现在知道，大脑皮质中的功能区比布罗德曼所看到的要更多（见第 9 章）。每个区域都拥有自己的神经架构、组织、运作方式，以及来往其他大脑区域的输入和输出连接。区域之间的边界有些是渐变的，有些是清晰的，其中许多区域及其边界可以在孕中期的胎儿大脑中看到。

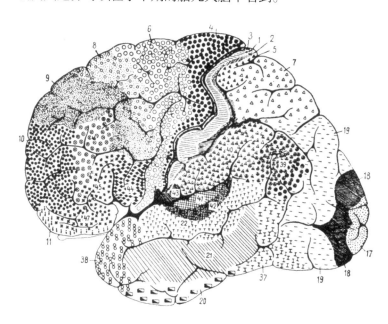

图 2.4　人类大脑皮质的布罗德曼分区

虽然猕猴的大脑皮质比我们人类小十倍，但它们有许多与人类相同的皮质区域，而且这些区域在皮质中的排列方式也很相似，甚至小鼠也有许多与人类相同的皮质区域，总体分布也基本一致。这表明，这些皮质区域通过可以建立基因活动边界的共同机制（如成形梯度）而发育，进而驱动一个皮质区域形成与另一个皮质区域的区别特征。在小鼠身上进行的研究可以有效证明，发育中的大脑皮质存在几个局部构造中心或信号中心。例如，被称为成纤维细胞生长因子（FGF）的成形素，通常是在发育中大脑皮质的前缘产生的。如果在小鼠大脑皮质发育的早期，通过实验将额外的 FGF 注射到小鼠大脑的前部，大脑前部的皮质区域（如运动皮质）会增大，使躯体感觉区域（通常位于皮质中部附近）向后移动，并压缩大脑的后部区域（如视觉皮质）。如果将 FGF 的来源定位在大脑后部，使该动物具有来自前部和后部的两个梯度，大脑皮质的许多区域就会重复出现。此时大脑会出现两个躯体感觉区域和运动区域，而通常位于皮质后部的视觉皮质现在既不在前部也不在后部，而是被移到了中间。

如果区域之间的边界是在某一特定时间划分的，那么当时梯度形状的差异可能会导致区域大小和位置的差异大于通常在区域之间看到的差异。尽管细胞使用各种机制来减少这种变异，比如随着时间的推移整合信号，而不是基于梯度的瞬时形态做出决定，但几乎可以肯定的是，对于边界的确切划分，个体之间将略有不同。皮质区域的确切形状和大小确实变化很大，甚至可以用来区分两个不同的人（见第 8 章）。

变异是进化论的一个关键要素，我们可以从这个角度审视大脑皮质。众所周知，不同哺乳动物大脑皮质区域的相对大小是不同的。刺猬（这里是指哺乳动物不是成形素）的大脑皮质是哺乳动物最原始的大脑皮质之一。刺猬的视力很差，其大脑皮质中专门用于视觉的部分相对较少，只有少数几个皮质区域用于处理视觉信号。相比之下，像我们人类和猕猴这样的灵长类动物是具有高灵敏度视觉的哺乳动物，我们的大脑皮质有 30 多个不同的视觉区域，这些区域会根据不同的场景进行不同的调整：运动、颜色、距离、背景等。其他哺乳动物在其他感官方面比较优秀。例如，蝙蝠可以使用回声定位进行导航和狩猎：收听它们高频叫声的反射。它们有一个相对较大的皮质区域专门用于听力，还有几个皮质区域专门处理回声信息。浣熊用手探索世界，而小鼠和大鼠使用胡须，这些动物有相对较多的大脑皮质专门用于这些体感输入。不同动物大脑皮质区域的这种差异不是来自出生后的感觉经验，而是来自进化和发育。这些变化背后的机制仍然不为人所知，但不难想象本章所讨论的成形梯度和转录因子参与了大脑皮质区域边界的划分。

在孕期一个月的时候，人类的神经板已经卷成了一根神经管，沿头尾轴和背腹轴成形，通过映射区域坐标可以确定成人神经系统不同部分的胚胎起源。这种构建机制涉及被称为"成形素"的扩散信号梯度，这些信号可在特定阈值下作用，以激活或抑制基因对转录因子的编码。平滑梯度被转换成清晰边界，分隔出大脑的不同区域。随着大脑的发育，新的局部信号中心开始出现，产生新的梯度，并将大脑进一步细分为不同区域。这一概念框架适用于脊椎动物和无脊椎动物，因为它是从我们的共同祖先身上进化出来的。事实上，在数亿年的进化过程中，许多产生神经系统特定部分的分子逻辑都具有高度保守性。成形梯度的差异及其所调控转录因子的重新调整，为不同物种大脑特异化的进化提供了线索。虽然大脑正在被划分和细分为许多区域，但它也在以惊人的速度增殖，很快就会有数百亿个神经元。第 3 章将探讨神经干细胞的数量是如何增加的。

増殖

本章中我们将了解不断增长的神经干细胞如何制造出一个大小和比例都合适的大脑，并思考成人大脑中是否存在神经干细胞。

增殖

在孕期的前四周，人类胚胎拥有数千个神经干细胞。神经管里充满了这些正在迅速增殖细胞。一个普通新生儿的大脑约有 1000 亿个神经元，所以需要进行大量的增殖。临近出生时，神经干细胞生长速度会放缓，因为他们需要变成不再分裂的神经元。到出生时，大脑的每个区域基本都已经完成了神经元的发育。这是怎么做到的？大脑及其各区域的生长是如何精确控制的？过程中可能会出现什么问题？

当神经干细胞第一次形成时，它会分裂并形成两个神经干细胞。这种对称性的增殖分裂使得神经干细胞的数量呈指数增长。据估计，在孕前期快结束时（约 12 周），胎儿大脑每小时可形成 1500 万个细胞。到孕中期，许多神经干细胞改变了它们的分裂模式。在这种新的不对称模式中，当神经干细胞分裂时，它会产生一个与其母细胞一样仍然是神经干细胞的子细胞，以及另一个不同的子细胞，这一子细胞可能会立即形成神经元，也可能成为会简单分裂并产生一小群神经元的次级祖细胞。随着更多的神经干细胞转换为这种不对称的分裂模式，细胞数量的增长不再呈指数级，而更具线性。到了孕晚期，神经干细胞会再次改变其分裂模式。这时它们会分裂成两个均为神经元的子细胞，而这两个子细胞不会再次分裂，神经元的增长趋于平缓。当最后一个神经干细胞完成分裂，神经增殖也就完成了。到出生时，神经元数量的增长基本已经停止。

虽然每个新生儿的大脑都含有几乎所有的神经元，但新生儿的大脑只有成人大脑的三分之一左右。再过六七年，他们的大脑才能达到接近成年人的大小。如果所有的神经元在出生时就已经存在，那为什么大脑的体积会在童年时期翻三倍呢？部分原因是幼小的神经元本身在出生后会变得更大，它们在发展分支和建立新连接时会继续生长。但是，影响出生后大脑生长的最大因素也许是大脑在出生后继续形成的非神经元细胞，即神经胶质细胞。少突胶质细胞

（oligodendrocyte）就是一种神经胶质细胞，它负责制造大脑皮质中的白质。少突胶质细胞用多层富含脂质的膜包裹住神经元的长轴突，当其紧密排列时，看起来是一片白色。这种被称为"髓鞘"的包裹可以为轴突提供绝缘，以防止电流泄漏，从而使神经脉冲传播得更远更快。白质约占成人大脑质量的 40%，大多在出生后形成。成人大脑中另一种主要的神经胶质细胞是星形胶质细胞，是大脑中仅次于神经元数量第二多的细胞类型，并具有多功能。它们为血液供应与使用其营养物质和氧气的神经元之间提供通道、为电信号维持最佳的离子环境、参与神经元之间突触连接的形成和维持（见第6章）、支持大脑的基本功能。

大脑中的大量神经元是神经干细胞经过多轮细胞分裂的产物。更多的分裂会产生更多的神经元，但需要更长时间才能形成谱系。人类胚胎大约需要四个月的时间才能形成大脑皮质的 250 亿个神经元。相比之下，猕猴胚胎在两个月内就可以形成大脑皮质的 15 亿个神经元，而一只大脑皮质只有大约 1 500 万个神经元的小鼠，仅需短短十天就可以完成这一过程。由于神经干细胞呈并排排列，每个细胞都附着在神经上皮的内表面和外表面上，所以神经上皮的表面积将随每个分裂周期的增加而倍增。因此，只需再次进行三轮早期细胞分裂，大脑皮质的表面积就会扩大到原来的八倍。当这些细胞完成对称的增殖细胞分裂后，它们就会经历几轮不对称的细胞分裂，以增加皮质的厚度。就以上三个物种而言，人类的皮质神经干细胞经历了最多轮的对称细胞分裂和不对称细胞分裂。灵长类神经干细胞与小鼠神经干细胞的一个区别因素在于不对称分裂的"另一个"子细胞，即次级祖细胞。在小鼠中，这些子细胞要么直接成为神经元，要么只分裂一次，产生两个神经元。在人类和猕猴中，次级祖细胞在变为神经元之前可能会再进行几次分裂。[1]

有人可能会问，如果把小鼠的神经干细胞放入发育中的人类大脑皮质，并获取其营养物质和其他因素，它会像人类皮质干细胞一样增殖吗？2016 年，里克·利弗西（Rick Livesey）就在剑桥大学做了这样一个实验。利弗西并没有从动物胚胎中提取细胞，而是用全能细胞（见第 1 章）培养出皮质神经干细胞。然后，利弗西及其同事比较了人类、猕猴和小鼠在相同培养条件下以这种方式所形成的大脑皮质干细胞谱系。[2] 结果很明显：人类皮质干细胞在较长时间内保持增殖，经历最多轮的分裂，形成最大的神经元集合；猕猴皮质干细胞的分裂次数较少，神经元较小；而小鼠皮质干细胞的分裂次数最少，神经元最小。即使当猕猴干细胞混合在人类干细胞中时，猕猴干细胞也会形成猕猴大小的神经元集合，而人类干细胞仍会形成人类大小的神经元集合。这一结果表明，这些皮质干细胞在本质上会以物种特有的方式增殖。大脑皮质干细胞似乎"知道"自己是小鼠、猕猴还是人类。

这些研究补充了斯坦福大学实验胚胎学家维克多·特维蒂（Victor Twitty）在 20 世纪 30 年代末所做的研究。特维蒂那部奇妙的作品《科学家和火蜥蜴》[3] 激发了我的科学想象力。在一组实验中，特维蒂将一种大型火蜥蜴的胚胎肢芽与一种小型火蜥蜴的胚胎肢芽相交换。这些被移植肢芽的胚胎发育成了令人惊奇的生物：小型火蜥蜴拥有一条几乎和身体的其他部分一样大的腿；而成年的大型火蜥蜴，则拥有三条正常的腿和一条很小的腿。与视网膜（眼睛中的神经部分）有关的实验也会得出同样类型的结果。当特维蒂在大眼物种和小眼物种的胚胎之间交换眼原基时，大眼物种的眼原基仍然会生长成具有更大视网膜和更多神经元的大眼，即使特维蒂已经将其移植到小眼物种的胚胎中，反之亦然。这些结果说明，存在一种内在的、物种特有的因子，它控制着神经干细胞的增殖潜能。

不变和可变谱系

要了解一个细胞，你需要首先了解它的谱系。谁是它的母亲？谁是它的祖母？再往上呢？ 20 世纪 70 年代末期，约翰·苏斯顿（John Sulston）及其同事选择了秀丽隐杆线虫这种小型土壤线虫，以应对一项巨大的科学挑战：了解人体内每个细胞的完整谱系历史。他们之所以选择这种线虫，是因为它由不到一千个细胞组成，人们可以在显微镜下看到活体胚胎中的所有细胞。通过无数小时的艰辛努力，他们在时空维度跟踪每个细胞，并设法跟踪从卵子到成体的每次细胞分裂，从而追溯每个细胞直到卵子的所有谱系。[4] 接下来，他们比较了不同线虫之间的结果。通过比较，他们发现每条线虫都重现了相同的谱系历史。似乎每种谱系的每次细胞分裂在每条线虫身上都是以同样的方式进行的。这种不变的细胞谱系常见于无脊椎动物，特别是那些神经元较少的动物，比如这种小型线虫，其神经系统仅由 302 个神经元和 56 个神经胶质细胞组成。

在大型脊椎动物的大脑中追踪神经元的谱系历史要困难得多，因为脊椎动物（相较于无脊椎动物）拥有更多数量级的神经元。然而，事实证明，追踪其部分谱系历史还是可以做到的。这足以表明，脊椎动物的神经谱系比线虫的神经谱系更具可变性。例如，小鼠胚胎大脑皮质中的一个干细胞可能会产生数百个神经元，而其看似相当的相邻细胞可能只会产生不到二十个神经元。如果神经干细胞可以产生的神经元数量存在如此巨大的差异，那它们应当如何制造出大小和比例合适的大脑呢？

一种可能性是，脊椎动物大脑的神经干细胞行为方式存在一定程度的随机性。在我的剑桥大学实验室工作的何杰使用透明斑马鱼胚胎中的视网膜干细胞制作了一部延时视频。[5]
活体斑马鱼大脑的发育和单个细胞的多次分裂可以通过显微镜观察到。斑马鱼胚胎中大约有一千个视网膜干细胞。在我的实验室里，何杰追踪了数百个视网膜干细胞的谱系。这些斑马鱼的大多数视网膜干细胞首先会进行三轮指数分裂，在每次分裂中，单个视网膜干细胞都会分裂成两个视网膜干细胞。然后，这八个子细胞会进入第四轮细胞分裂，而在此时，它们似乎会在三种不同的分裂模式中随机选择一种。在第一种模式中，细胞像以前一样分裂（即对称分裂成两个增殖细胞）。在第二种模式中，细胞不对称分裂成一个增殖细胞和一个不再分裂的视网膜神经元细胞。在第三种模式中，细胞分裂产生两个视网膜神经元。在第四轮分裂之后，剩余的增殖细胞都强烈倾向于只进行最后一次分裂。此后，视网膜增殖完成，胚胎视网膜达到其最终大小。由于第四轮细胞分裂的三种模式是随机选择的，所以增殖大小是可变的。然而，虽然不同斑马鱼的视网膜干细胞会产生不同大小的增殖集合，但其神经元总数却惊人地一致。根据大数定律，在存在随机因素的情况下（比如掷骰子或是从三种细胞分裂模式中选择其一）进行多次相同实验，其平均结果将接近预期值。由于斑马鱼视网膜中约有一千个视网膜干细胞，这就相当于在斑马鱼视网膜干细胞上做同样的一千次实验。大数定律预测，斑马鱼胚胎末期的细胞总数应当接近24（平均增殖大小）乘以 1000（视网膜干细胞数量），即 2.4 万个细胞，这和真实情况基本一致。因为这个"实验"在每个视网膜上进行了大约一千次，所以斑马鱼视网膜之间的大小差异很小。各种哺乳动物（包括人类）的视网膜和大脑皮质增殖的可变性表明，个体神经干细胞之间不可预测的增殖模式同样依赖大数定律来构建大小和比例合适的大脑。

细胞周期

细胞分裂标志着一个神经干细胞（或其他分裂细胞）分裂成两个。但是，由于每次分裂都会使干细胞的大小减半，为了再次进行分裂，干细胞必须在分裂之前继续生长。干细胞的运动很简单：生长、分裂、再次生长、再次分裂，以此类推（见图 3.1）。这种运动过程被称为"细胞周期"。细胞周期有四个阶段。[6] 第一阶段主要在于生长和获得足够的养分供应，以便能够进入细胞周期的第二阶段。在成功完成第一阶段后，细胞进入第二阶段，在此期间，它将复制所有的DNA。在第三阶段，细胞会检查 DNA 复制中的错误，并对任何 DNA 损伤进行修复。在完成这些检查、修复和进一步生长之后，细胞就会进入第四（也是最后一个）阶段，称为"有丝分裂"。在这一阶段，DNA 的两个副本将朝母细胞的相反方向分离，细胞将在中间收缩，直到两半完全分开成为两个子细胞，并马上进入第一（生长）阶段，而母细胞已经不复存在——它现在应当被称为前细胞。

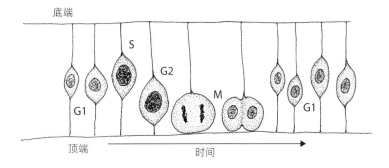

图 3.1　神经干细胞的细胞周期

如图 3.1，分裂细胞是神经上皮的一部分，它始终连接着神经上皮的顶端和底端。从左到右：在第一生长阶段（G1），细胞生长。在生长到足够大后，它就会进入合成阶段（S），在这一阶段，它会复制自己的 DNA。然后，它将进入第二生长阶段（G2），在有丝分裂（M）期间继续生长，并向顶端移动以进行分裂。然后，这两个子细胞将重新进入细胞周期第一生长阶段（G1）。

在细胞周期的各个阶段之间都存在检查点，这些检查点是为质量控制而进行的临时暂停检查，也就是细胞确保上一阶段完成并为下一阶段做好充分准备的时刻。通过细胞周期检查点的进程是由促进或抑制进入下一阶段的蛋白控制的。如果检查点监管蛋白无法正常工作，细胞就会在不应该分裂的时候分裂。被研究最多的是第一第二阶段之间的检查点，因为大多数的细胞周期在这里被拦截。监管这一重要检查点的蛋白之一是"视网膜母细胞瘤"基因的产物。如果没有足够的视网膜母细胞瘤蛋白，细胞就很容易通过检查点。视网膜母细胞瘤是以在婴幼儿中发现的一种癌症命名的，在这种癌症中，视网膜中的神经祖细胞或未成熟神经元在其本应已经停止分裂时仍停留在细胞周期中。这种神经癌通常发生在很小的时候，因为当神经元完全分化后，它们就不会重新进入细胞周期。因此，只要肿瘤被切除，孩子通常能够存活，但视网膜母细胞瘤基因缺陷可能会增加细胞周期保持活跃的其他组织罹患癌症的风险。

1931 年，生理学家奥托·瓦尔堡（Otto Warburg）因其在肿瘤代谢方面的研究而获得诺贝尔奖。让瓦尔堡感到困惑的问题是，肿瘤是如何在没有自身血液供应的情况下开始生长的。确实，肿瘤最终会接触到血管以维持它失控的生长，但在一开始，没有血液供应的肿瘤细胞几乎得不到任何营养，可它们却能够成功增殖。瓦尔堡想知道它们是如何做到这一点的。他发现，癌细胞消耗能量的方式与体内多数细胞不同。[7] 我们身体中的大多数细胞都是利用氧气代谢葡萄糖，将其分解为二氧化碳和水，为细胞产生储存能量。然而，在短跑或举重运动中，肌肉需要在没有氧气的情况下消耗能量（即无氧运动），因为血液供应不足以提供这种突然的激烈运动所需消耗能量的所有氧气。在产生储存能量方面，无氧代谢的效率仅为有氧代谢的 4% 左右，还会在肌肉细胞中产生葡萄糖代谢的中间产物，例如导致肌肉疼痛的乳酸。瓦尔堡指出，癌细胞可以在无氧条件下消耗能量，但即使有足够的氧气，它们也会这样做。癌细胞可以从包括乳酸在内的部分消耗能量中产生新的氨基酸和核苷酸，比起将能量完全分解为二氧化碳和水而言更为有效。"瓦尔堡代谢"不仅能帮助癌细胞生长，还能让其不再需要充足的氧气供应。

普通的人类胎儿是在氧气极少的环境中发育的。事实上，胎儿血液的含氧量相当于人类在珠穆朗玛峰顶上没有补充氧气时的呼吸含氧量。正在发育的胎盘和专门的分子转运机制为从母亲血液到胎儿的氧气输送创造出巧妙的通道，但胚胎的含氧量仍然非常低。因此，胚胎组织中高度增殖的干细胞经常利用瓦尔堡代谢来帮助其生长，并使其可以安全地通过细胞周期检查点。

虽然胚胎可以在相对较低的氧气水平下生长，却无法在营养水平过低的情况下生长。没有营养物质，细胞就无法通过第一个检查点，因此，母体营养不足会导致婴儿体型偏小。奇怪的是，营养不良的婴儿虽然整体体型很小，但相对来说，他们的头似乎显得很大。这是由一种被称为"脑保护效应"的现象造成的。也许是因为大脑是一个至关重要的器官，也可能是因为神经元和其他细胞类型不太一样，在一生中不会被再次补充，因此，营养不足的胚胎会调动一切有限资源来构建大脑。在这种情况下，胎儿大脑的生长是以牺牲身体其他部分为代价的。尽管如此，母亲营养不良生育的孩子的大脑神经元和胶质细胞数量通常也比正常孩子的大脑要少，并表现出不可逆的认知障碍。

大脑不同区域的神经干细胞会有不同程度的增殖，因此其各脑区会随其神经元数量生长到不同大小。大脑将根据成形素和区域转录因子的阈值在神经上皮细胞中形成脑区之间的界限（见第 2 章）。这些构建大脑模式的因素也可以控制大脑不同区域的增殖，它们通过调节细胞周期机制的成分（比如检查点监管蛋白）来实施这种控制，以确保这些不同区域可以生长到合适的大小。例如，为了让视网膜生长到预期大小，有一些对眼睛形成至关重要的转录因子（见第 2 章）抑制了守卫细胞周期检查点的因子，从而驱动眼睛的生长。如果在青蛙或鱼胚胎中，这些转录因子的活性缺失或减弱，那么这些动物就会长出小眼睛；但如果这些转录因子过度活跃，就会形成巨大的眼睛。[8]

小头畸形

曾被人称为"针头施利齐"的施利齐·苏尔提兹（Schlitzie Surteez）是一名杂耍演员，后来还成为电影明星。他于

1971 年去世，享年 70 岁。施利齐患有小头畸形症（源自希腊语，意为"小头"）。小头畸形是由神经干细胞增殖障碍导致的。施利齐身材矮小，只有 122 厘米高，可能是因为他体内的所有细胞都在某种程度上受到了细胞增殖障碍的影响。然而，就像大多数小头畸形症患者一样，与身体其他部分相比，施利齐的大脑更大程度地缩小。虽然智力受损，但据说他保留了像三岁的孩子一样的奇妙而孩子气的世界观。他善于交际，他也喜欢唱歌、跳舞和娱乐，这就是为什么他的同伴和照顾者在他漫长的一生中尽其所能保护他。

遗传性小头畸形症在全球各地普遍存在，这使得遗传学家能够以此寻找和发现致病基因。迄今为止，已发现约有 20 个基因与遗传性小头畸形症有关。令人惊讶的是，这些基因中多数都可以为一个细胞器（称为"中心体"）的蛋白成分进行编码。[9] 中心体参与了每个细胞周期的最后阶段（即有丝分裂）。在有丝分裂开始时，中心体分裂成两部分，移动到母细胞的两侧，并开始在此组装一种由蛋白纤维构成的纺锤形结构，称为微管。在这一纺锤体的帮助下，细胞中的马达蛋白开始工作，将两组复制的染色体彼此分离，并沿这一纺锤体将其拉到母细胞的两侧。随后的细胞分裂与纺锤体的方向垂直。

回想一下，在对称增殖模式下，细胞数量呈指数增长；在不对称模式下，细胞数量呈线性增长。因此，从对称模式转换到非对称模式的概率和时间点，对大脑的发育及其最终大小有重大影响。每个神经干细胞都包含一些使细胞退出细胞周期的因子，还包含一些使细胞继续留在细胞周期中的因子。这就像是两股对立的力量在与细胞搏斗。一个在喊："保持年轻！继续分裂！"；另一个说："成熟点吧！成为神经元！"。如果这两种对立因子在两个子细胞之间分配不均，一个子细胞可能会留在细胞周期中，而另一个子细胞会分化成神经元。然而，如果这些因子平均分配，那么随后很可能再次进行对称分裂。

所有的神经干细胞都具有极性，与神经上皮的内外轴相对齐。细胞最接近内表面的部分被称为"顶端"，而最接近外表面的部分被称为"底端"。使细胞继续留在细胞周期中的因子和使细胞退出细胞周期的因子通常靠近细胞的顶极和底极（见图3.2）。如果细胞分裂的角度与其顶端到底端的极性完美对齐，那么这一分裂将在两个子细胞之间平均分配这些因子，并且很可能是对称分裂。然而，如果角度并未对齐，就像中心体受损时那样，分裂就无法均匀地分配这些因子，导致细胞的不对称分裂，从而限制神经增殖的程度，这被认为是引起遗传性小头畸形症的主要原因之一。

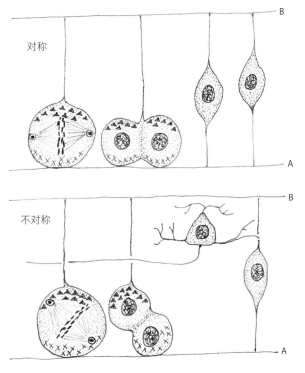

图 3.2　对称和不对称细胞分裂

　　如图 3.2 所示，在上半部分，神经干细胞对称分裂，有丝分裂纺锤体平行于顶端（A）表面。两个子细胞将关键分子（三角形和 X 形）均匀分割。其中一些分子可使细胞继续留在细胞周期中，而另一些分子可使细胞退出细胞周期。在这种对称分裂中，两个子细胞都重新进入细胞周期。在下半部分，纺锤体与顶端（A）和底端（B）成一定角度。因此，关键分子在两个子细胞之间分布不均匀，一个子细胞将成为神经元，而另一个仍然是神经干细胞。

与遗传性小头畸形有关的几个基因在大脑较大的哺乳动物（如黑猩猩、人类、鲸鱼）中进化迅速，这表明中心体功能可能是人类大脑较大尺寸的关键。然而，这并不完全与遗传有关，环境也起到了一定的作用。小头畸形可能由妊娠期酗酒引起，也可能由感染寨卡病毒引起。在 2016 年寨卡疫情期间，首次注意到在巴西那些感染寨卡病毒的孕妇，其婴儿小头畸形症的发病率很高。随后的研究表明，寨卡病毒的目标是胎儿大脑中的神经祖细胞，并阻碍其增殖过程，但其分子机制尚不为人所知。

小头畸形是由于大脑发育异常减慢，而"巨脑畸形"则是由于大脑过度发育。巨脑畸形是由突变引起的，这些突变导致细胞增殖过度，进而导致神经干细胞分裂过多。请注意，巨脑畸形与"巨头症"不同，后者通常源于脑脊液循环的问题，导致脑室或是脑与头骨之间的间隙积液，而不是源于神经元的过度增殖。由于这些额外的液体可以被引流或分流，出生时患有巨头症的婴儿往往不会有长期的神经问题。而在出生时被确诊为巨脑畸形的婴儿，大部分后来被诊断为自闭症谱系障碍。目前还没有治愈小头畸形和巨脑畸形的方法。

大脑皮质层

在大脑发育的某个阶段，可分裂的神经干细胞将变成不再分裂的神经元。神经元的形成之时就是它永远离开细胞周期且不再分裂的那一刻。大多数神经元形成在神经上皮的内表面或顶端（也被称为"脑室表面"，因为其位于大脑脑室）。神经管的外层或底端被称为"软膜表面"，也被称为软脑膜（来自拉丁语，意为"温柔的母亲"），是大脑的第一层覆盖物，将大脑包裹在一层精致的半透明膜中。在大脑皮质中，首个形成的神经元从神经上皮细胞的内表面（脑室）分离出来，并向外表面（软脑膜）迁移。随着更多的细胞退出细胞周期并进行这种迁移，神经上皮细胞被分成靠近脑室表面的内区（神经干细胞仍在增殖）和靠近软膜表面的外区（充满神经元）。大脑皮质发育的显微图像和延时视频显示，当一个神经元在脑室区域形成时，它会抓住附近的一个同时附着在神经上皮内外表面的神经干细胞，并开始沿其像爬树一样向软膜表面爬行。随着越来越多的神经元形成，越来越多的神经干细胞离开细胞周期，能够攀爬的地方也越来越少。当婴儿出生时，脑室区域已经排空，神经元都聚集在软膜表面附近，并形成大脑皮质。

哺乳动物的大脑皮质被分成若干细胞层，每层都含有各自类型的神经元，具有特定的形状和功能。就像地质学家想知道不同岩层的年龄一样，1961年，在美国国立卫生研究院工作的理查德·西德曼（Richard Sidman）也想了解大脑皮质各层是否由在不同发育阶段形成的神经元组成。为了研究这一点，他在不同孕期给怀孕小鼠注射了少量含有放射性氢同位素的核苷酸（四个DNA构建块之一），以此确定细胞的形成时间。在细胞周期的第二阶段，这些放射性同位素并入分裂祖细胞的DNA中，而任何在此之前形成的细胞都不会被标记。在放射性脉冲标记后，经过多次分裂的细胞在每次分裂中都会将这种标记稀释两倍。因此，只有那些在注射时经历最后一轮DNA复制的细胞才能在其DNA中保留最高水平的放射性同位素。

西德曼将经同位素标记的大脑显微切片浸入感光乳剂中，暴露在乳剂中的同位素，其放射性衰变就像光线一样揭示了神经元的形成时间。值得注意的是，西德曼发现，大脑皮质层的排列方式与地质层非常相似。最年长的神经元（形成时间最早的神经元）在最深层，而最年轻的神经元在最浅层。[10]进一步研究表明，这种由内而外的模式是以如下方式编排的：首个形成的神经元在到达软膜表面附近时会停止移动，下一个形成的细胞会超越之前的细胞，然后停止移动。每一组新的神经元都会超越之前的神经元，因此产生了大脑皮质层"由内而外"的结构。

一种因步态不稳而被称为"络轮（reeler）"的突变小鼠

可以帮助我们深入了解这种由内而外的分层机制。令人惊讶的是，对络轮突变小鼠大脑皮质形成时间的研究表明，这些突变小鼠的大脑皮质层基本是颠倒的。在络轮小鼠中，最年长的神经元在外层或较浅层，而最年轻的神经元在内层或较深层，这与正常小鼠完全相反。络轮基因由一种被命名为"络丝蛋白（Reelin）"的分泌蛋白复制及编码。[11] 络丝蛋白通常只由最早到达皮质的神经元制造。这些分泌络丝蛋白的神经元仍然靠近软膜表面，用于构建皮质，并在完成工作后死亡（见第 7 章）。在没有络丝蛋白的情况下（即在上述络轮突变体中），神经元像往常一样向软膜表面迁移，但它们会堆积在先前迁移的其他神经元上，而不是穿过这些神经元到达富含络丝蛋白的软膜表面。因此，在突变小鼠中，年长的神经元在表面，而年轻的神经元在较深层。络轮基因突变可能对人类产生灾难性的影响，例如运动障碍、认知障碍、语言功能发育不良、精神分裂症和自闭症。

神经元的替换

我们多数器官的构建细胞在我们的一生中都会被替换。血红细胞能存活约四个月，然后就被新的血红细胞所取代。普通成年人每秒能生成 200 多万个新的血红细胞。皮肤细胞也在不断形成和替换，它们只能存活几个星期。大肠细胞每隔几天就会替换一次。如果发生损伤，这些组织可能会加速增殖，以更快替换损失的组织。然而，人类大脑中的神经元在出生后不久就已经完成增殖，如果我们受到脑损伤，一部分神经元会死亡，而且无法被替换。

某些幸运的动物可以替换失去的神经元。扁虫可以重新生成一个全新的大脑！鱼类和火蜥蜴也能够再生受损的大脑部分，甚至可以在需要时替换特定类型的神经元。这种再生能力在哺乳动物的大脑中消失了。没有人确切知道这是如何发生的，也不知道为什么会发生。

人类停止制造新神经元的一些有力证据来自核武器试验。地球上最常见和最稳定的碳同位素是碳 12，但由于来自太空的电离辐射，大气中也存在少量的碳 14。活体动植物吸收大气中的碳 14 和碳 12，但当动物细胞或植物细胞死亡后，碳 14 与碳 12 的比率就会随着碳 14 的衰退而降低。碳 14 的半衰期是 5730 年，所以如果对古老树木的年轮进行分析，其碳 14/ 碳 12 比率将低于其最初形成时的比率，因此我们可以通过碳年代测定来估计树木的年龄。20 世纪 50 年代初，多国开始在地面上试验核武器。这向大气中释放了大量的碳 14，使当时正在进行增殖的所有细胞 DNA 中的碳 14 水平也相应上升。1963 年，《部分禁止核试验条约》签署，此后，核试验一直在地下进行。因此，1963 年以后，随着被树木吸收和以各种方式被固定，大气中的碳 14 水平一直在下降，并回落到冷战前的水平。碳 14 的这种"炸弹脉冲"在 1963 年达到顶峰，使得人们可以使用一种新的碳年代测定方法来估计人类细胞的形成时间。一个在 1950 年以前出生的人，在婴儿时期，他的 DNA 中碳 14 的含量很低，但如果这个人在 20 世纪 60 年代制造了一些新细胞，那么这些细胞 DNA 中的碳 14 含量就会相对更高。

在瑞典卡罗林斯卡研究所工作的乔纳斯·弗里森（Jonas Frisen）一直在利用炸弹脉冲造成的大气碳 14 水平变化来测定人类细胞的产生时间。因为血红细胞和肠道细胞需要定期替换，其 DNA 的碳 14 含量可以反映出接近此人年龄的大气碳 14 水平。然而，大脑皮层神经元 DNA 中的碳 14 含量则反映了此人出生时的大气碳 14 水平。出生在炸弹脉冲峰值年份附近并在多年后去世的人，其大脑皮质神经元中的碳 14 水平与其出生时的大气碳 14 水平相匹配，而那些在地上试验开始前出生的人，其大脑皮质神经元中的碳 14 水平相对较低，这表明在其出生时，大气中的碳 14 水平很低。这些研究说明，大脑皮质神经元在人的一生中不会被替换，每个人的皮质神经元的寿命和其年龄相同。[12]

干细胞巢

许多鱼类、两栖动物和爬行动物在成年后继续生长，它们的大脑也随之生长。在这些动物中，新的神经元来自神经干细胞，这些干细胞驻留在大脑中被称为"干细胞巢"的特定微环境中。鱼类发育中的视网膜边缘就是一种干细胞巢。[13] 在这里，鱼类每天都会发育出新的神经元。有些鱼可以生长很多年，它们的眼睛会在生长边缘继续增加细胞环，就像同心树轮一样。同样，鱼类、两栖动物和爬行动物的大脑也可以继续生长，并从神经干细胞巢中形成新的神经元，持续到成年。

虽然许多冷血脊椎动物（如鱼类）会在成年后继续生长，但温血脊椎动物、鸟类和哺乳动物往往会在成年后停止生长。虽然鸟类的大脑中几乎不会生成新的神经元，但有些鸟类可以做到。洛克菲勒大学的费尔南多·诺特鲍姆（Fernando Nottebaum）在对斑马雀的歌曲学习进行研究时发现，在其大脑中有专门负责学习歌曲的区域。这些鸟类在休唱季节会失去一些神经元，并在歌唱季节用新的神经元取而代之。这是一种年度循环，人们认为，这些新的神经元被用于学习不断变化的季节性歌曲。诺特鲍姆指出，这种替换也可以被认为是大脑"复活"的过程。

那哺乳动物呢？哺乳动物是否存在神经干细胞巢？1962年，在麻省理工学院工作的约瑟夫·奥尔特曼（Joseph Altman）在大鼠身上使用了一种细胞形成时间测定技术，在成年大鼠的大脑中发现了一些新生的神经元。[14] 但没有人重视这些结果，因为类似的研究并没有在大脑皮层中发现新的神经元。于是奥尔特曼的发现几乎被遗忘，直到 20 世纪 90年代，几个不同的实验室都在啮齿类动物的大脑中发现了两个神经干细胞巢。第一个神经干细胞巢可为大脑前部嗅球提供新的神经元，这里将首先用于处理气味信号。有证据表明，这一成年干细胞巢在人类大脑中并不活跃。第二个神经干细胞巢可为前脑区域海马体提供新的神经元。海马体以其在记忆塑造中的作用而闻名。一项对正在进行"知识"学习（对伦敦街道的详细了解）的伦敦出租车司机的脑部扫描研究显示，在培训期间，他们的海马体似乎正在生长。复杂的环境或体育锻炼可以提高在大鼠和小鼠海马体中产生的新神经元，而对人类大脑进行的碳 14 炸弹脉冲年代测定则表明，成年人似乎在海马体内每天都能产生数百个新神经元。对自愿为诊断而注射细胞增殖核苷酸标记物的癌症患者大脑进行的检验分析，也为成年人海马体中新神经元的生成提供了证据。然而，由于核苷酸也可能进入不可分裂的细胞中（例如当 DNA损伤被修复时），人们也在担心这些结果的正确性。事实上，有几项使用这种分裂标记的研究根本没有在成年人海马体中找到任何有关神经元替换的确凿证据。在猕猴中也得出了类似的结论，有明确证据表明，幼年猕猴的海马体中会生成新的神经元，但在成年猕猴中，这种生成会下降到无法检测到的水平。因此，对于我们人类是否能在成人大脑中产生新的神经元，这一领域仍然存在一些不确定性。[15]

新神经元的产生（如果确实存在）与海马体的记忆塑造功能之间的联系非常耐人寻味。有人可能会想，为什么海马体需要新的神经元来塑造新的记忆？一种答案让人联想起鸟类的歌唱学习，那就是这些新的神经元用以储存最近的一部分经历。这些最近经历随后被转移到长期记忆中，并存储在大脑的其他位置。但在海马体中，当保存着最早的"近期"经历的神经元死亡时，尚未转移到长期储存位置的那些记忆就会被抹去。然后，死亡的神经元将被新的神经元所取代，这些新神经元接触到最近的经历并被重塑，以建立新的记忆。

我们已经看到，人类的大脑通过最初数量较少的神经干细胞增殖而增长到相对较大的尺寸。首先，这些细胞对称分裂，其数量呈指数增长。随后，它们转换为不对称的分裂模式，生长也变得更加线性，然后，随着出生的临近，它们进行了最终分裂。到出生时，几乎所有的神经干细胞都停止了分裂。在出生后，神经元就会分化成各种类型，每种类型都负责专门处理和传输特定类型的信息——这就是第 4 章的主题。

4

灵魂的蝴蝶

神经元逐渐获得解剖学和生理学特征，使它们成为在大脑中完成特定信息处理任务的特定类型神经元。本章中，我们将了解神经元的特定属性是其祖先的本性和谱系、其受到的外部影响以及随机性的结果。

细胞成为神经元

人类胎儿的第一批神经元是在孕期 10 周左右形成的。当神经元刚刚形成时，它并不能作为信息处理器。但当它在大脑中固定至永久位置时，它就会形成树突来吸收信息，并长出轴突来发送信息。神经元用其错综复杂的分支模式来表明它是哪种特殊类型的神经元。至少有数千种、数万种甚至数亿种不同类型的神经元，但没人真正知道大脑中究竟有多少类型的神经元，神经科学家仍在研究如何对其进行分类。[1]

但我们知道的是，神经元的类型与大脑的特定功能相关。一个熟悉的例子是我们视网膜中不同类型的视锥细胞，它们负责色觉。另一个熟悉的例子是中脑腹侧中一类分泌多巴胺的神经元，其退化将导致帕金森氏症。还有一个不太为人所知的例子是下丘脑中的一种神经元，通过释放一种名为下视丘分泌素的神经递质来调节睡眠周期，缺失这些神经元将导致嗜睡症。人们认为大脑是一个全员上岗的国度，每个神经元都参与了特定的工作。我们知道人们是如何获得工作的，但神经元是如何获得工作的呢？

对年轻神经元细胞的认识首先来源于哥伦比亚大学摩尔根遗传学实验室发现的部分秃毛果蝇（见第 2 章）。果蝇通过其刚毛的运动来感知外界，每种刚毛都与一个外围感觉神经元相关联。未完全形成刚毛的果蝇的突变基因图谱显示，在果蝇染色体的一个小区域中存在着相关基因。20 世纪 70 年代，在马德里工作的安东尼奥·加西亚 – 贝利多（Antonio Garcia-Bellido）及其同事在该染色体的相同位置发现了另一种突变体，但这种突变体似乎有所不同——它无法存活。换句话说，这种突变会导致胚胎死亡：这些突变幼虫永远不会从卵壳中孵化出来，而没有刚毛的那些秃毛突变幼虫却能够存活。

为了进一步研究这种致命的突变，加西亚 – 贝利多使用一种基因技术制造了拼接果蝇：一种由突变组织和正常组织拼凑而成的动物。例如，其右翼可能是突变的，而左翼可能是正常的。当他制造出部分是新致命突变、部分正常的拼接果蝇时，一些胚胎死亡，另一些存活下来。出现这一结果是因为使用这项技术在突变组织和正常组织之间划出的分界线具有很大的可变性。幸存下来的拼接果蝇携带一些突变部分，但令人惊讶的是，这些突变部分有正常的刚毛。那么，在胚胎时期死亡的拼接果蝇是如何组成的？加西亚－贝利多及其同事对数百个部分正常和部分突变的果蝇胚胎进行了尸检，以确定胚胎的哪些部分可能对早期存活至关重要。他们发现，所有未能存活的拼接果蝇胚胎在相同的腹侧位置都有着突变组织块。由于先前研究表明果蝇的中枢神经系统来自腹侧位置（见第 2 章），科学家认为新的突变体会影响中枢神经系统的发育，就像刚毛突变体会影响周围神经系统的发育一样。[2] 通过对突变体胚胎的直接检查，发育中的中枢神经系统大部分遭到破坏并存在大量细胞死亡，证实了这一观点。

当加西亚－贝利多及其同事专注于这些基因（现在被称为"原神经"基因）时，华盛顿大学的哈罗德·温特劳布（Harold Weintraub）正在寻找肌肉发育中具有类似作用的基因。他使用的是一种标准的实验室细胞系"成纤维细胞"，这种细胞来自结缔组织。温特劳布将肌肉细胞中活跃的基因引入到这些成纤维细胞中，这被称为"异位表达实验"。温特劳布异位表达的一种基因导致这些成纤维细胞转化为骨骼肌细胞。肌肉细胞看起来一点也不像星形的成纤维细胞，它们是由肌动蛋白和肌球蛋白（导致肌肉收缩的蛋白）组成的长管状结构。转化后的成纤维细胞不仅看起来像肌细胞，而且还会在培养皿中抽动，就像真正的肌肉一样。这种从成纤维细胞到肌肉细胞的神奇转化是由主要调节肌肉发育的单个基因控制的。[3]

这种基因产生的蛋白质是一种转录因子，可以启动引导肌肉发育的整个分子通路。将原神经基因的遗传序列与该原肌肉基因的遗传序列进行比较，很明显，它们编码的转录因子在结构上非常相似。原肌肉和原神经转录因子在整个动物界都很常见。从果蝇到人类，细胞向神经元的转变以相关原神经转录因子的活性为标志。与原肌肉转录因子一样，原神经转录因子也可以开启许多其他基因，它们可以产生更多的转录因子，并开启更多的基因。这种精心策划的级联反应，最终会影响到数千个对神经元发育至关重要的基因。相对少数的神经系统疾病会由原神经基因的抑制性突变引起，可能是因为这些基因对人类和果蝇的存活来说同样重要。

是否要成为神经元

胚胎中的每个神经干细胞都有产生神经元的能力，但如果太早进行这项工作，可能会耗尽神经干细胞群，从而导致神经元产生不足。当一个细胞准备退出细胞周期并成为神经元时，原神经转录因子已经达到一个阈值，从而使该细胞不再拥有停留在细胞周期中的动力。一旦达到这个阈值，原神经转录因子就会迅速扩增，因为每个因子不仅会激活许多其他靶基因，而且还会激活自身和其他原神经基因。通过这种相互和自我支持的基因激活模式，可以产生足够数量的原神经转录因子来启动所有使细胞成为神经元的必要靶基因。但在早期，在原神经转录因子达到使细胞必然成为神经元的阈值之前，原神经通路可以被关闭，而且经常被关闭。

事实上，有太多细胞想要成为神经元，所以其中一些必须要被阻止！在整个神经元生成的过程中，邻近的细胞（通常是姐妹细胞）之间不断竞争。它们争先恐后地开启自己的原神经基因，并关闭竞争对手的原神经基因。在这场竞争中，它们使用的武器是一种以"缺口（Notch）"突变体命名的分子通路成分。令人惊讶的是，虽然缺口通路突变体和原神经突变体都会导致胚胎死亡，但其影响几乎完全相反：原神经基因的缺失会导致胚胎缺乏神经元，而缺口基因的缺失会导致胚胎中有过多细胞变成神经元，从而使非神经元供应不足。缺口突变胚胎死亡时看起来像一团巨大的神经组织，而且周围没有外皮。

世界各地的实验室都想要了解缺口通路的工作方式。缺口分子是一种位于细胞外膜的蛋白质，具有胞内和胞外两个部分。胞外部分是与另一种蛋白质（称为缺口配体，位于相邻细胞表面）相结合的受体。当与这种配体结合时，缺口分子将接触到蛋白切割酶。一种酶切割其胞外部分，另一种酶切割其胞内部分，将缺口蛋白从细胞膜中分离。分离出的缺口分子胞内片段通过细胞质迁移，然后进入细胞核，作为转录因子开启或关闭其他基因。事实上，缺口分子启动的主要是那些负责关闭原神经基因的基因。这看似简单明了，但随后出现的转折将这个简单的故事变得非同寻常。

原神经基因也能开启缺口配体。这就完成了相邻细胞之间的正反馈循环，这些细胞开始争先恐后地想要成为神经元。原神经基因更活跃的细胞能产生更多配体，因此能够更好地通过缺口通路抑制临近细胞。缺口基因更活跃的细胞不仅会被抑制形成神经元，而且由于其配体数量较低，其抑制临近细胞形成神经元的能力也较弱。这种正反馈循环放大了相邻细胞之间缺口信号的微弱差异。如果一组细胞在一开始具有大致相同的原神经基因活性和缺口信号，那么只需轻微的失衡就能激活一个细胞中的原神经基因，并完全关闭其所有最近细胞的神经原基因。正如我们将在第 7 章中看到的，这场比赛是今后众多战斗中的第一场，尚在发育的神经元如果要成为大脑的一员，就必须赢得这场战斗胜利。

拉蒙·卡哈尔与神经元的独特性

圣地亚哥·拉蒙·卡哈尔（Santiago Ramón y Cajal）于1852 年出生在西班牙农村的佩蒂利亚·德阿拉贡。在其回忆录中，他谈到了童年时对绘画的热爱，以及成为艺术家的愿望。[4] 他是一个聪明调皮的孩子，差点因为在村子墙上画了一幅讽刺老师的涂鸦画被学校开除。他还讲述了他的父亲把他的艺术品带给一位专业艺术家朋友进行评估的经历。这位艺术家得出的结论是：虽然小卡哈尔水平还可以，但他不太可能以艺术家的身份谋生。听到这个消息，他的父亲希望他能成为一名医生。卡哈尔很不情愿地去读了医学院。毕业后，他作为一名军医参加了前往古巴的远征，但仅仅数月后，他就因疟疾和肺结核回到了西班牙。虽然这些疾病没有导致卡哈尔死亡，但它却结束了他的军事和从医生涯。在卡哈尔最终康复后，他选择成为一名组织学家，这是他在医学院的强项，因为这项工作需要进行大量的绘画。当时，人们对大脑的工作方式知之甚少，但到 1934 年卡哈尔去世时，他已经奠定了作为现代神经科学之父的历史地位。

自从著名的电学实验学家路易吉·加尔瓦尼（Luigi Galvani）证明电击青蛙的坐骨神经会导致蛙腿抽搐以来已经有一个多世纪了，但关于神经系统如何产生电脉冲、神经反射如何工作，人们仍然知之甚少。19 世纪的解剖学家和组织学家已经发现，神经元可从其细胞体发出微小的线状延伸，其中一些延伸到神经或大脑皮质的白质。他们试图梳理这些神经延伸，但在当时，几乎不可能追踪这些延伸并观察他们在远端的作用。大脑中充满了这些线状突起，这些来自四面八方的突起似乎将自己编织在一起。有人认为，正是这些延伸的相互融合使电流从一个神经元流向下一个神经元。这种融合神经元连续网络的想法被称为"神经系统网状结构理论"，由著名的意大利组织学家卡米洛·高尔基（Camillo Golgi）所倡导。

到了 19 世纪 90 年代，许多人开始怀疑网状结构理论。英国生理学家查尔斯·谢林顿（Charles Sherrington）证明，神经系统网状结构理论似乎与神经反射的一些基本事实并不相符。[5] 谢林顿发现，在大多数反射中，当肌肉对感觉刺激做出反应时，其拮抗肌就会放松。例如，外界刺激激发支配屈肌的运动神经元的同时，往往会抑制支配伸肌的运动神经元。这就意味着，当感觉信号进入脊髓时，它会刺激一些运动神经元，并抑制另一些运动神经元。这说明，神经元使用一种"加或减"的逻辑进行交流。事实上，我们现在已经知道，神经回路就是使用这一原理制造的。一个神经元可能激发另一个神经元，然后这个神经元再抑制第三个神经元，以此类推。这种逻辑不太可能与网状结构理论相容，在网状结构理论中，当膜电压从一个神经元流向下一个神经元时，膜电压的任何变化都应该不会改变加减符号。相反，谢林顿认为神经元是通过他称为"突触"的特殊连接进行交流，而突触可以是兴奋性的或抑制性的。

接下来就轮到了充满野心和好奇心的卡哈尔，他不仅想解决关于网状结构和突触假说的争论，还想探索大脑，找出它由哪些类型的细胞组成。他想知道更多，他想知道这块组织为什么可以思考。但所有这些都取决于他是否能找到观察个体神经元细节的方法，包括它们那些最为精细的延伸部分。卡哈尔开始寻找各种方法来对他从动物和人类尸体上取出的神经组织中的神经元进行染色。他重启并改进了卡米洛·高尔基发明却又放弃的一种染色方法，也就是现在所说的高尔基法。其工作原理是向组织中注入银溶液，并化学诱导其在神经元中结晶，从而使染色神经元的各个角落变暗。这项技术不仅精巧费力，而且结果不稳定。有时它根本不起作用，有时它会把所有东西染黑，有时它只能把几个神经元染黑，最终被染色的神经元类型既无法控制也不可预测。

当高尔基法只染色几个细胞时，卡哈尔被其所揭示的个体神经元细节迷住了："其中最精细的分枝……在透明的黄色背景下显示出无与伦比的清晰度"。虽然这种方法的反复无常导致高尔基放弃了它，但卡哈尔则认为高尔基法具有一定的潜力，可以让他看到并画出单个神经元的整体形态。而这正是完成这项艰巨任务所需要的方法。他毕生致力于微调和使用高尔基法来研究各种动物和人类大脑中神经元的详细解剖结构。他的著作《人与脊椎动物神经系统组织学》发表于1909年，至今仍被神经学家大量使用，因为他对不同类型神经元的许多观察和详细绘制仍未被超越，依然具有巨大的科学价值。[6]

卡哈尔沿着这些被染色的精细分支分辨出数百种类型的神经元，这些分支在与其他神经元接触时戛然而止，成为反对网状结构理论的有力证据。得益于卡哈尔的工作，网状结构理论已经被现在公认的神经元学说所取代。简单来说，神经元学说认为每个神经元都是一个单独的细胞，它通过特殊的连接（谢林顿猜想的突触）与其他细胞交流。

然而，高尔基并不相信卡哈尔的结论，并坚持网状结构理论。1906年，他们作为死对头分享了诺贝尔奖。直到20世纪50年代，高分辨率电子显微镜的出现才最终解决了这个问题。这些高分辨率电子显微镜提供了神经元细胞膜的图像，显示每个神经元完全被自己的细胞膜包围。这些图像还显示存在大量的突触，正如谢林顿所设想的那样。在这样的证据面前，即使是高尔基也不得不放弃网状结构理论，但他已于1926年去世。

卡哈尔对神经元的理解激发了他作为画师的灵感，他为个体神经元绘制了精确而美丽的图像，这些图像现在在世界各地的美术馆展出（见图4.1）。卡哈尔在其回忆录中写道：

"我画了超过 12 000 幅画。对于外行来说,它们看起来非常奇怪,关注千分之一毫米的细节,却揭示了大脑结构的神秘世界……就像昆虫学家追寻五颜六色的蝴蝶一样,我一直在精巧而优雅的灰质细胞花园里追逐着神秘的灵魂的蝴蝶,它们拍打着翅膀,有朝一日可能会向我们揭示心灵的奥秘。"[7]

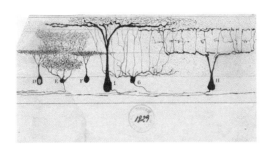

图 4.1　卡哈尔绘制的一些不同类型的视网膜神经节细胞

图 4.1 为哺乳动物视网膜的横切面。[图片由西班牙马德里国家研究委员会(CSIC)卡哈尔研究所"卡哈尔遗产"提供。]

卡哈尔无法通过观察神经元的解剖结构来判断它们在功能上的区别。例如,卡哈尔不知道哪些神经元在其突触处释放刺激性神经递质,哪些神经元释放抑制性神经递质。自卡哈尔时代以来,生理学和分子生物学研究已经极大地扩展了我们对细胞类型的了解。位于西雅图的艾伦脑科学研究所和世界各地的许多其他实验室正在合作,基于对细胞类型的分析(包括解剖、功能和分子特征)构建完整的神经元类型表。

例如，图 4.2 显示了在哈佛大学乔什·萨内斯实验室中发现的视网膜神经节细胞的一个亚型，这是小鼠视网膜众多亚型的其中之一。这一亚型对视野中向下移动的物体特别敏感。而令人震惊的是，这些神经元的树突都在朝着向下的方向发展。神经元结构的这种对向下运动敏感有关的解剖学特征，可能早于视觉出现之前就开始在子宫中发育了。[8]

图 4.2　小鼠视网膜中的一种特殊类型的视网膜神经节细胞

这种特殊类型的视网膜神经节细胞对向下运动非常敏感。请注意图 4.2，视网膜的正面，这些神经元的树突都是向下的，揭示了神经元的解剖结构与其功能之间的明确关系。［来源：J. Liu and J. R. Sanes. 2017. "Cellular and Molecular Analysis of Dendritic Morphogenesis in a Retinal Cell Type That Senses Color Contrast and Ventral Motion." J Neurosci 37:12247–12262.（图片由乔什·萨内斯实验室提供）］

细胞基因本性与细胞环境养育

　　已故的西德尼·布伦纳（Sydney Brenner）因其在分子和发育生物学方面的工作而荣获诺贝尔奖。他对比了两种不同的细胞类型鉴定策略。第一种以谱系为基础，布伦纳称之为"欧洲计划，重点在于祖先是谁"；第二种策略以方位为基础，他称之为"美国计划，重点在于邻居是谁"。[9] 布伦纳研究了微小的秀丽隐杆线虫，它们成虫后全身只有 959 个细胞。布伦纳及其同事记录了线虫体内所有成体细胞追溯至受精卵的整个谱系历史（见第 4 章）。他们发现，在不同线虫个体之间，几乎每个细胞的祖先都是相同的，这表明谱系很可能主导着细胞的命运。布伦纳认为，这一物种的细胞类型身份鉴定是按照欧洲计划实现的。

　　谱系机制肯定会将某些影响从母细胞传递到子细胞。但是母细胞能给子细胞什么来影响子细胞的命运呢？通过对一些线虫突变体的观察，人们发现了其中一种细胞遗传影响的本质。如果你在线虫的尾巴上挠一挠，它就会向前蠕动；在它的头上挠一挠，它就会向后蠕动。每条线虫身上只有 6 个触敏神经元。这些神经元向其他神经元（包括运动神经元）发送信号，以决定运动方向。哥伦比亚大学的马丁·查尔菲（Martin Chalfie）致力于寻找对挠痒没有反应的突变体，并确定了大约 12 个与触敏神经元发育有关的基因。这些触敏神经元的谱系基本相同，每个细胞都是一组六个"Q"细胞的曾孙细胞。Q细胞总是以同一种方式分裂：产生一个前部子细胞和一个后部子细胞，而触敏细胞的祖母总是后部子细胞。在查尔菲发现的第一批非触敏突变体中，Q细胞能照常产生一个前部子细胞；但后部子细胞并没有成为触敏神经元的祖母细胞，而是成了自身的母细胞。这个后部子细胞会再次分裂，产生另一个前部子细胞和另一个自身副本，以此类推。因此，触敏神经元的祖母细胞永远不会在这个突变体中产生，这也就意味着触敏神经元永远无法在这种突变体中形成。另一种突变会影响触敏细胞的母细胞。触敏细胞通常会产生两种不同类型的神经元，只有其中一种是触觉敏感的。在这一突变体中，母细胞会产生两个同样的非触敏神经元，而不是两种不同类型的神经元，和上一种突变一样，触敏神经元也永远无法在这种突变体中形成。

对这两个突变体影响基因进行的分子分析表明，它们都能产生转录因子。第一个转录因子在曾祖母细胞体内变得活跃，并激活第二个基因，该基因将在谱系后期出现在触敏神经元的母细胞体内。当触敏神经元最终在正常动物体中形成时，会有两种转录因子共同作用，开启使其进一步分化为触敏神经元所需的基因。这种基于谱系的方案似乎适用于线虫的所有谱系，即细胞及其子代通过级联积累转录因子，然后这些转录因子共同作用，在谱系树的不同阶段影响细胞的功能选择。

如果线虫神经系统中的所有神经元都来自欧洲计划，那么果蝇眼睛中的所有神经元一定都来自美国计划。像所有昆虫一样，果蝇的眼睛由数百个小平面组成，每个小平面本身就是一个带有聚焦晶状体的小眼睛。果蝇的眼睛共有数百个微小晶状体，每个晶状体下方都有一个微型视网膜，由 8 个不同的感光神经元和几个不同类型的其他细胞组成。在欧洲计划中，所有 8 个感光神经元应当都来自同一个曾祖母细胞。然而，事实并非如此。果蝇视网膜中的任何新生细胞都可以选择不同的命运，而且这种选择是完全开放的，无须考虑细胞的谱系，也与其姐妹细胞的选择无关。在发育中的果蝇眼睛中，母细胞似乎对其子细胞的命运没有任何影响。

那么果蝇的眼睛是如何组装的呢？所有新生细胞最初都是平等的，但通过缺口介导抑制周围的细胞（如本章前面所讨论的），间隔规律的细胞被挑选出来作为首批成为神经元的细胞，并启动自己的原神经基因。每个首批神经细胞都将成为构成眼睛单个平面细胞簇的创建者。当这批初始细胞以有序方式邀请其最近细胞加入细胞簇时，就形成了细胞簇。当细胞加入细胞簇时，它们会获得特定的细胞命运。在特定位置加入细胞簇的每个细胞都会接收来自先前加入细胞簇的相邻细胞的信号，这些信号将开启决定眼细胞类型的转录因子组合。这一过程与晶体的生长过程非常类似，果蝇的眼睛也可以被认为是一种由细胞组成的神经晶体，这些细胞通过被招募进入一种自组织细胞簇来实现自己的命运，而不是通过谱系。[10] 这种细胞结晶的浪潮扫过发育中的果蝇眼睛，就像波浪涌入混沌的细胞海洋，留下了一个有序排列的小眼睛阵列（见图4.3）。

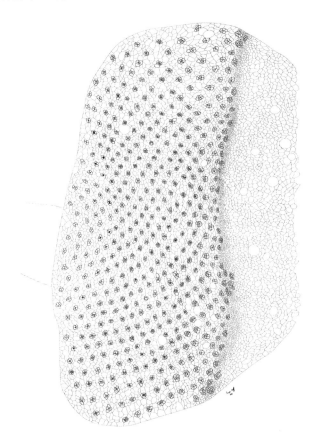

图4.3　果蝇神经晶体视网膜的形成

如图 4.3 所示，右侧的细胞似乎毫无组织，而左侧的细胞已将自身组织成细胞簇，这些细胞簇将形成果蝇成体视网膜的小平面。在视网膜中心附近三分之二的地方，当结晶波从左向右横扫视网膜时，人们可以看到无序细胞和有序细胞之间的分界线。［本图由坦尼亚·沃尔夫（Tanya Wolf）绘制，来自海报插页，收录于：Michael Bate and Alfonso Martinez Arias (eds.). 1993. The Development of Drosophila melanogaster. New York: Cold Harbor Laboratory Press.］

线虫的中枢神经系统和果蝇的视网膜是相当极端的"欧州计划"和"美国计划"。前者以谱系为主，后者以细胞环境为主。这些例子也证明了所谓的"细胞本性"和"细胞后天培养"。事实证明，大多数神经元（特别是那些较大大脑中的神经元）会通过内在和外在影响的复杂组合来实现最终的命运。外在信号可能激活转录因子，使其成为细胞的一种内在特征。这种转录因子可能会通过激活一种受体编码基因，使细胞对新信号产生应答，让细胞在通往最终命运的道路上迈出下一步。如果细胞接收到这个信号，它就会开启新的转录因子，以此类推。

关于脊髓中的神经元如何决定成为哪种类型和亚型的神经元，有一个例子来自对脊髓运动神经元的研究。[11] 哥伦比亚大学的汤姆·杰塞尔（Tom Jessell）及其同事发现，出于对音速刺猬的应答，神经管腹侧区域的细胞会激活将其转化为运动神经元的转录因子。但它们为响应音速刺猬，会在所有的运动神经元中激活转录因子。这些是"通用"运动神经元，其命运细节尚未确定，例如，在体内大约600块肌肉中，它们应该负责哪块肌肉。运动神经元的细分是一个循序渐进的过程。首先是按"运动柱"划分。在同源转录因子（见第2章）的作用下，支配头部、手臂、躯干和腿部的运动神经元沿着脊髓长度排列成单独的柱状，这些转录因子与通用运动神经元转录因子一起工作，将运动柱特征赋予运动神经元。运动柱又分为支配屈肌和支配伸肌的运动柱，这种细分是由调控这一选择的其他转录因子的作用结果。最后，运动神经元开始致力于支配特定的个体肌肉，这构成了运动神经元亚型分类的最高级别，被称为"运动池"特征。当然，运动池特征也是其他转录因子激活的影响结果。

杰塞尔及其同事确定了以运动池转录因子表达为终点的信号通路和转录级联的各种成分。Pea3就是一种运动池转录因子，表达于支配肩部肌肉（称为背阔肌）的运动神经元中。背阔肌在四足动物（如小鼠和马）中用于向前运动，在两足动物（如人和鸟）中用于内收（将手臂收入体侧）。在Pea3突变小鼠中，背阔肌运动池的运动神经元并未发育。结果，背阔肌由于缺乏神经支配而萎缩，该小鼠不能行走和跑步。

杰塞尔及其同事关于脊椎动物运动神经元类型的工作展

示了一种分子逻辑，许多神经元通过这种逻辑获得了其特定命运。转录因子的积累通过谱系和细胞环境的相互作用发生。科学家可以利用对这种逻辑的理解，在培养皿中培养胚胎干细胞，并将其转化为体内特定类型的细胞，包括特定类型的神经元。将胚胎干细胞暴露在抗 BMP 的环境中，它们会变成神经干细胞；为其提供适量的音速刺猬，它们会变成通用运动神经元；再将这些运动神经元暴露在维甲酸中，会激活同源基因，促其成为特定类型的运动神经元。了解细胞类型确定的发育原理，就有可能使用来自人类的胚胎干细胞产生人体或大脑中几乎所有类型的细胞，用于研究细胞培养，以及为包括神经系统疾病在内的各种疾病的寻找治疗方法。科学家已经利用这类策略在组织培养皿中探索治疗涉及特定神经元类型的退行性疾病（如帕金森氏病）的方法。

直面命运与神经母细胞瘤

周围神经系统中的神经元来自流动谱系。这些胚胎神经系统的航行者在其旅行中获得了自己的命运。周围神经系统起源于最初占据神经管最背侧的神经嵴细胞（见第 2 章）。神经管闭合后不久，神经嵴细胞开始迁移出神经管并在体内穿行，随着迁移而增殖，越来越多的神经嵴细胞沿着无数不同的路径到达在我们身体的各部位。它们在迁移过程中会不断增殖，数量庞大的神经嵴细胞沿着不同的路径到达他们在人体中的最终目的地。神经嵴细胞能产生各种类型的细胞：它们可以制造平滑肌、软骨、骨骼、牙齿、色素细胞、激素分泌细胞和血管壁；它们还可以制造整个周围神经系统。周围神经系统本身由四个部分组成：交感神经系统（"战斗或逃跑"）、副交感神经系统（"休息、消化和繁殖"）、肠道神经系统（支配肠道）和周围感觉神经系统。

神经嵴细胞面临的第一个挑战是突破神经管。神经管是一种上皮，其中的细胞通过用于粘连神经细胞的黏附分子结合在一起。神经嵴细胞松开与相邻细胞的黏性接触，然后开始通过酶消化穿过由大量细胞外物质（如胶原蛋白）组成的神经管外壁。当神经嵴细胞逃离了神经管的限制，它们就会开始迁移。从这个意义来说，神经嵴细胞就像是转移的癌细胞。癌细胞也会使用类似的策略从原始组织中分离出来，并迁移到其他组织中。

20 世纪 60 年代末和 70 年代初，法国南特大学的尼科尔·勒·杜阿林（Nicole Le Douarin）发明了一种简单方法来识别所有迁移的神经嵴细胞后代。这种方法来自她的发现，即在显微镜下可以很容易地将鹌鹑细胞与鸡细胞区分开来。不论杜阿林是将鹌鹑细胞移植到鸡胚胎中还是反过来移植，她总是能分辨出哪些细胞来自宿主，哪些来自供体。在了解神经细胞的迁移路线和形成组织后，她想知道迁移本身是否会影响细胞的命运。在一项经典实验中，她将鸡胚胎颈部的迁移前神经嵴组织移植到鹌鹑胚胎的躯干区域，她发现，它们会沿着躯干路线迁移并分化为躯干细胞衍生物（即感觉神经元和交感神经元）。相反，当来自躯干的迁移前神经嵴细胞被移植到颈部时，祖细胞会沿着颈部神经嵴细胞通常所走的路线迁移，成为通常来源于颈部神经嵴细胞的细胞类型（即副交感神经元和肠神经元）。这项实验证明，在迁移开始时，神经嵴细胞可以根据它们在旅途中遇到的情况，自由选择它们最终的细胞命运。[12]

神经嵴迁移和细胞类型特化上的缺陷会导致人类疾病。例如，先天性巨结肠症是由于颈部神经嵴细胞未能迁移到肠道而导致肠道神经系统无法正常形成所致。如果没有适当的神经控制，肠道就无法正常收缩和移动粪便。患有先天性巨结肠症的婴儿，其消化系统会被堵塞，需要通过手术切除肠道中缺少这种神经的部分。一种特别可怕的神经嵴疾病是神经母细胞瘤，这是一种罕见但急性的儿童恶性肿瘤。[13]大多数神经母细胞瘤是由被称为"成交感神经细胞"的神经嵴祖细胞形成的，这些细胞通常会形成交感神经系统的神经元或肾上腺的肾上腺素分泌细胞。在这种疾病中，这些成交感神经细胞不会完全分化，而是继续增殖，通常在它们到达最终目的地和实现最终命运之前，在从颈部到骨盆的路径上的任何地方产生肿瘤。由于这种癌症通常发生在正在迁移的细胞类型中，所以在被检测到时，它通常已经转移。在神经嵴细胞的分化和增殖之间的平衡尤为重要，当平衡过于偏向增殖时，就会导致神经母细胞瘤。极少数在没有治疗的情况下，平衡会逐渐偏向分化，使得肿瘤自发性地退化。当细胞分化为神经元后，它们就不会再分裂，所以神经母细胞瘤就像视网膜母细胞瘤（见第 3 章）一样，是一种儿童早期疾病。

第四维度——时间

显然，细胞在身体三维空间中的位置会影响其命运，但还有不可忽视的第四维度：时间。问题是，形成时间或形成顺序是否会对细胞命运产生重大影响。有关神经系统中的细胞命运时间维度，最明显的一个例了就是：神经元往往先于神经胶质细胞形成。这个问题已经在周围神经系统中探讨过。当神经嵴细胞第一次到达指示其成为周围神经系统一部分的目的地时，它们可以成为神经元或神经胶质细胞，但第一个到达的细胞总是成为神经元，因为这是它们的固有偏差。一旦成为神经元，它们就开始分泌一种蛋白质，可以阻止后来到达的神经嵴细胞成为神经元。随着更多神经元的积累，抑制蛋白的水平会增加，而后来到达的神经嵴细胞会接触足够水平的防止其成为神经元的抑制物，从而成为胶质细胞。在中枢神经系统的神经谱系中，也发生了类似的从神经元到胶质细胞（特别是星形胶质细胞）的转变。

在同一时间形成的细胞可以影响后来形成的细胞命运，这一运行法则就是发育生物钟的基本机制。俄勒冈大学的克里斯·多伊（Chris Doe）及其同事更进一步，为果蝇胚胎神经系统发育过程中的分子计数机制提供了证据。这有点像老爷钟的钟摆驱动擒纵装置，使得每一次摆动时齿轮都向前推动一格。在果蝇胚胎的神经细胞谱系中计数的不是钟摆的摆动，而是细胞分裂的周期。多伊及其同事研究的胚胎神经母细胞总是不对称地分裂，产生一个仍然是神经母细胞的较大子细胞，以及一个被称为"神经节母细胞（GMC）"的次级祖细胞的较小子细胞。然后，每个神经节母细胞各分裂一次，产生两个成熟的神经元。特定神经母细胞的第一个神经节母细胞（GMC1）会使两个神经元具有不同但相关的特定命运。例如，两个子细胞都可能成为运动神经元。后来生成的 GMC 会发育成与前面 GMC 不同类型的神经元。GMC3 可能形成两个带有短轴突的抑制性中间神经元。由于不对称分裂，神经母细胞会按固定顺序表达多伊所称的"临时转录因子"（TTF），我们姑且称其为"TTF1""TTF2""TTF3"等（当然，每个 TTF 都有自己独特的生物基因名称）。在每个细胞周期中，都会有从一个 TTF 到下一个 TTF 的转换。当表达TTF1 的神经母细胞不对称分裂时，其较小的子细胞 GMC1将继承 TTF1 的表达。较大的子细胞仍然是神经母细胞，但用

TTF2 替代了 TTF1，所以其下一个 GMC 子细胞（GMC2）将继承 TTF2。然后，子代神经母细胞切换到 TTF3，神经母细胞先关闭 TTF2 再开启 TTF3，以此类推。随着每一次细胞分裂，计数向前推进，新的 TTF 导致产生新的细胞类型。负责 TTF 序列的机制与细胞周期和推进有关，因为神经母细胞中的每个 TTF 都会促进随后的 TTF 表达，同时抑制先前的 TTF 表达。[14]

大脑皮质（见第 3 章）不同细胞类型的分层就是一个很好的例子，说明发育的向前发展趋势，以及沿着特定道路走得太远的不可逆转性。大脑皮质的深层充满了早期出生的大神经元，它们将轴突伸展到丘脑、中脑、后脑和脊髓。中间层的较小神经元随后产生，将轴突伸展到皮质上层。位于大脑皮质顶层的中型神经元是最后产生的，并将轴突伸展到其他皮质区域。在 20 世纪 80 年代，斯坦福大学的苏·麦康奈尔（Sue McConnell）及其同事研究了新生神经元是否在迁移到位之前就已经确定其特定的皮质层和皮质细胞类型。为调查这一点，麦康奈尔及其团队跨时间移植了皮质祖细胞，即发育生物学家所说的"异时移植"。麦康奈尔使用了一些不同阶段的新生早产雪貂，其皮质神经元仍在生成中。当麦康奈尔将早期的祖细胞移植到年长的动物大脑中时，这些细胞改变了它们的命运，形成了上层神经元。这表明，这些发育中的皮质细胞对于承担哪种特定的皮质命运是灵活可变的。然而，反向移植（从年长阶段至年轻阶段）产生了非常不同的结果。这些移植的年长祖细胞并不灵活，即使其周围都是年轻祖细胞，它们也没有改变。同样，当处于皮质发育中间阶段的祖细胞被移植到较年长的大脑中时，它们会改变自己的命运，但当其被移植到较年轻的宿主中时，它们就不会改变命运。这些实验表明，随着皮质干细胞的分裂，它们会经历一系列阶段。在这些阶段中，细胞可以向前发展，但不能倒退。[15]

概率与命运

　　脊椎动物的视网膜是一种神经组织，由于其美丽的构建形式和清晰的分层而被人们深入研究。视网膜是我毕生大部分时间都在研究的蛙胚胎和鱼胚胎大脑的一小部分，而这也是本书中有这么多关于视网膜和视觉系统故事的原因之一。视网膜的美丽构建形式也引起了卡哈尔的注意，他研究了视网膜的细胞结构和电路。所有脊椎动物的视网膜都是由三个细胞层构建，每个细胞层都由特定的细胞类型组成。外层（最远离晶状体）包含感光的视杆细胞和视锥细胞。视杆细胞和视锥细胞在中层与双极细胞形成突触。双极细胞是一种纺锤形的神经元，两端看起来有点相似，但其中一端是接受光感受器输入的树突，另一端是与位于内层（最接近晶状体）

的视网膜神经节细胞形成突触的轴突。视网膜神经节细胞为视网膜提供输出连接。它们将长长的轴突沿着视神经路径送入大脑。形成时间研究表明，不同类型的视网膜细胞在不同但重叠的发育时间窗口内形成，就像昆虫的中枢神经系统和大脑皮质一样，决定细胞命运的时间只会向前流逝。在早期阶段，视网膜干细胞可以产生所有类型的视网膜神经元，但随着视网膜干细胞谱系的发育，这些细胞逐渐失去产生早期细胞类型的能力。

在我的实验室的一组实验中，我们使用延时显微镜跟踪斑马鱼视网膜中的视网膜干细胞的所有分裂过程，以辨别其所有后代。与线虫不同的是，脊椎动物视网膜中单个干细胞的谱系级别存在很大的可变性。似乎每个视网膜干细胞都会产生一个独特而且相对随机的神经元后代群。即使在培养皿中分离出单个视网膜干细胞，它们仍然会产生不同的谱系，这表明，这种可变性是视网膜干细胞的固有特征。虽然影响视网膜细胞类型的显然是转录因子的组合，但这些转录因子的基因是开启或关闭，似乎具有随机性。如同细胞数量的可变性（见第 3 章）一样，大数定律可以确保当这种随机影响涉及数千或更多相等的干细胞谱系时，即使每条谱系都有独特性，最终也能产生接近的细胞类型预期数量。

我个人科学生涯的亮点之一是在 2017 年在英国发育生物学学会的沃丁顿讲座中讲述这项工作。卡尔·沃丁顿（Carl

Waddington）是发育生物学理论的大师，他对发育机制有着过人的概念性见解。他绘制了一些展示其想法的比喻图，其中之一是细胞如何在其所说的发育全景图中选择自己的特定命运。[16] 这是一个向下倾斜的山谷，细长的丘陵将山谷分成几个狭窄的峡谷。现在在这个山谷中滚下一个球，这个球就是一个祖细胞。当球遇到第一座丘陵时，它会选择左边或右边的峡谷，从而限制其潜在命运选择。当它继续前进时，它会做出进一步的左／右命运限制选择。几十年来，这个比喻一直吸引着发育生物学家。这些丘陵和峡谷究竟是什么？如何用胚胎发生的分子地理学来解释它们？以及当细胞向下滚动到决定命运的那一刻，细胞内部到底发生了什么？细胞如何在左右之间进行选择？我当然没有试图在讲座中回答所有这些问题，但我认为沃丁顿的发育全景图可能是在发育中理解随机影响的一个好方法。想象一下，沿着沃丁顿山谷滚下一千个球，每个球在每个岔路口是向左还是向右，这是不可预测的。虽然人们可能无法准确预测在这种情况下每个球最终会落到哪里，但人们仍然可以根据其分布的一般形状（或者说是细胞的分布情况）确定每种类型的生成比例（见图4.4）。我并不是说发育是一个随机的过程，或者细胞以完全随机的方式选择自己的命运，但在拥有大量祖细胞的动物的中枢神经系统谱系中，任何确实存在的可变因素都应该有助于确保每种神经元类型的数量。

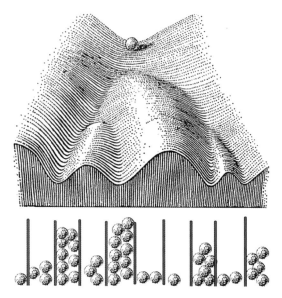

图 4.4　沃丁顿的发育全景图（顶部）与概率（底部）

　　假设一个球滚入山谷，在遇到第一座丘陵时选择了左边或右边的路径，然后在遇到下一座丘陵时做出第二个选择。在旅程的终点，细胞会选择一个特定的命运。很多因素（包括概率因素）可能会影响球／细胞在每次选择中是向右还是向左。因此，虽然在细胞开始沿着发育全景图向下移动之前，人们可能无法预测它的命运，但当许多相同的球滚入全景图时，它们仅凭偶然的机会就可以创造可预测的命运分布。

　　现在，人们可以使用强大的检眼镜来观察人眼，这种检眼镜可以区分视网膜后部的视杆细胞和视锥细胞。在这里可以看到三种视锥细胞（红色、绿色和蓝色），说明我们能够看到三个颜色信息通道。如果仔细观察这些细胞的排列方式，就会发现红色和绿色的视锥细胞彼此之间是随机排列的。这种随机性源于大约 3000 万年前灵长类动物三色视觉的进化起源，而我们更遥远的祖先是双色视觉。导致三色视觉的基因事件涉及一种名为红视蛋白（一种捕捉红光的光敏蛋白）的基因被复制。被复制的基因发生了突变，导致新的蛋白对绿光更为敏感。因此，以前只有一个红色视蛋白基因，而现在有两个视蛋白基因，一个是红色的，一个是绿色的。这一基因事件被认为是通过我们的祖先传播的，因为它使我们的祖先能够区分红色和绿色，从而区分成熟和未成熟的水果。约翰斯·霍普金斯大学的杰里米·纳桑斯（Jeremy Nathans）发现，红色和绿色视蛋白的基因在 X 染色体上紧紧相连，而且在这两个基因旁边有一小段 DNA，控制着单个细胞中这两个基因的开启和关闭状态。因此，一些视锥细胞是绿色的，而另一些是红色的。这一小段充当控制器的 DNA 悬挂在 DNA 环路的底部，该环路可以摆动到红色视蛋白基因或绿色视蛋白基因的旁边。由于 DNA 的两种构型是相互排斥的，因此在一个细胞的两种基因中，只有一种基因会被激活。最后，控制器似乎是偶然地选择其中之一，就像是用掷硬币决定特定的视锥细胞是红色敏感还是绿色敏感。[17]除最后选择表达哪种颜色视蛋白外，这两种视锥细胞将被归类为同一种细胞类型。

在本章前面，我们提到了卡哈尔幻想中的灵魂蝴蝶，这样想来，我们也可以考虑一下林地中真正的蝴蝶。在纽约大学工作的克劳德·德斯普兰（Claude Desplan）一直对昆虫的色觉非常着迷。他首先对果蝇进行了研究，发现与人类一样，果蝇视网膜中也有两种基本相同的感光细胞类型（对不同颜色敏感），这些细胞是随机排列的，因此果蝇眼睛的 800 个小平面可以看到不同的颜色光谱。人们无法预测某一特定平面是否会发育出一种或另一种颜色敏感性，因为这种开关是由一种偶然机制引发的，跟灵长类视网膜的红色和绿色视锥细胞发育非常类似。在果蝇中，该开关与控制视蛋白选择的一个转录因子的随机开启或关闭有关。当光感受器确定其身份后，就仿佛拉动老虎机的杠杆一样，结果是选择其中一种颜色。德斯普兰接卜来注意到了燕尾蝶这种眼睛更为复杂的蝴蝶。德斯普兰及其同事发现，在其每个眼睛小平面中，随机选择颜色的光感受器细胞类型不是一个，而是两个，结果导致在其眼睛的 1 000 个小平面中，每个平面中的光感受器细胞被相互独立地随机分配颜色。结果是会形成四种不同类型的平面：转录因子在两个细胞中都开启的平面，两个细胞中转录因子都关闭的平面，一个转录因子开启而另一个转录因子关闭的平面以及与之相反的平面。这一随机过程加上蝴蝶五种不同颜色的视蛋白，使这种动物能够进行令人难以置信的深度颜色对比，远远超出了我们人类的视觉能力。德斯普兰认为，这种简单的随机机制可以促进颜色对比的进化，使蝴蝶具有识别花朵、寻找食物和识别配偶的最强能力。[18]

在我实验室职业生涯的最后阶段，神经组织发育过程的不可预测却可以促进发育的能力一直在困扰着我。大脑的形成方式取决于机会统计数据而不是完全确定的计划，这一点看起来既荒唐又奇妙。然而，随着我们越来越了解基因的动态以及它们被激活或关闭的方式，现在看来不可避免的是，我们大脑中的每个神经谱系都有可能受到神经干细胞中看似随机的分子事件影响。当然，这意味着，虽然所有人类大脑中每种类型的细胞数量大致相同，但任何两个人的神经元类型都不可能完全相同。每个人的大脑都是以相同的方式构成的，但每个人的大脑都是不同的。

神经元个体

1998 年，科学家在人类 21 号染色体中发现一个名为 DSCAM（唐氏综合征细胞黏附分子）的基因[19]，该基因与唐氏综合征密切相关，因为唐氏综合征患者拥有三个而不是两个 21 号染色体副本。顾名思义，DSCAM 是一种细胞黏附分子，主要在胚胎发育期间的大脑中表达。DSCAM 的过度表达也会导致小鼠出现唐氏综合征的某些症状。在人类身上发现 DSCAM 后不久，加州大学洛杉矶分校的拉里·齐普尔斯基（Larry Zipursky）发现了果蝇版本的 DSCAM 基因。果蝇 DSCAM 基因的奇特之处在于，这个单一基因可以产生数万种不同的蛋白质。[20] 该基因分为四个编码部分，每个部分都有多种选择：第一部分有 12 种选择，第二部分 48 种，第三部分 33 种，第四部分 2 种。当该基因被激活时，它首先会形成信使 RNA（mRNA）。随后 mRNA 被切成片断，去除非编码序列并在所有编码部分仅保留一个序列。因为剪接的选择是随机性的，所以每个剪接的 mRNA 随后被翻译成 $12 \times 48 \times 33 \times 2$（即 38016）个可能的细胞黏附分子之一。这种来自单一基因的蛋白质，其可能性的丰富多样让人联想到免疫系统。在免疫系统中，编码不同蛋白结构域的基因重新组合也会产生丰富多样的抗体。事实上，DSCAM 正是细胞黏附分子免疫球蛋白超家族的成员。这一超家族中的细胞黏附分子具有与抗体识别抗原相关的胞外结构域。尽管果蝇和许多其他无脊椎动物的 DSCAM 确实具有免疫功能，但最令人惊讶的是，在果蝇发育过程中，DSCAM 基因产生的所有可能蛋白质中的很大一部分都会在果蝇的神经系统中表达，而由于随机的可变性剪接，果蝇中几乎每个神经元都会表达不同版本的 DSCAM。因此，从理论上讲，每个神经元都应该能够将自己与其他神经元区分开来。

虽然脊椎动物的 DSCAM 基因不会产生如此丰富的多样性，但是它们用其他细胞黏附分子弥补了这一点。例如，人类基因组有三组被称为"簇状原钙黏蛋白基因"的基因，它们可以构成一系列丰富的可能细胞黏附分子。[21] 虽然产生随机组合的分子机制有所不同，但每组簇状基因都能产生许多不同的 mRNA，就像果蝇的 DSCAM 基因一样。当这些 mRNA 形成蛋白时，每个神经元都会得到一组独特的原钙黏蛋白分子，赋予其独特的分子表面。这就像是在生成随机数码，为每个神经元提供唯一的条形码和唯一的标识。

我们作为人类的独特标识允许其他人区分我们，也允许我们将自己与其他人区分开来。我们的免疫系统与我们个体的分子标识相适应。似乎每个人都拥有一种独特的"组织相容蛋白"组合，这些蛋白会告诉免疫系统，我们体内的细胞是来自我们自己还是来自另一个人，这也是为什么必须抑制那些接受器官移植的患者的免疫系统。但是，对于我们大脑中的每个神经元来说，拥有自己的标识又有什么好处呢？一种可能性是，它使神经元能够将自己与相同亚型的其他神经元区分开来，允许个体神经元的所有细小分支相互识别。事实证明，这对大脑的连接至关重要。例如，当同一神经元的两个分支在轴突与树突的网络中相遇时，它们可以使用独特的条形码来避免彼此之间建立无用的连接。通过研究用于检测定向运动的神经元，哈佛大学的乔什·萨内斯（Josh Sanes）及其同事一直在研究这种自我回避对小鼠视网膜视觉系统的意义。[22] 当萨内斯及其同事改变这些神经元，使其不再表达其独特的原钙黏蛋白自我识别物时，它们将在自身之间而不是彼此之间建立突触。当他们使这些神经元表达相同的识别物时，它们不再像正常情况下那样彼此建立任何联系。在每种情况下，结果都导致小鼠丧失辨别方向运动的能力。在人类中，簇状原钙黏蛋白基因的突变最近被认为与精神分裂症有关。

各脑区的办公室中都有不同类型的神经元承担不同的工作。新生神经元被分配的工作类型受到来自外部信号、内在细胞倾向、形成顺序、随机组合的影响。最后，每个神经元都会变成一种特定类型，各自拥有复杂而独特的分支模式和生理属性。神经元还会被分配基于大量可能细胞黏附分子随机组合的唯一标识，这些黏附分子允许单个神经元将自己与同类的其他神经元区分开来。然而，这些神经元的生命才刚刚开始。它们现在"知道"自己是谁，但它们还没有与其他神经元建立联系，使其能够处理和传递信息。新生神经元的首要任务之一是开始在大脑中建立连接。

5

连接

发育中的神经元发出穿梭于大脑的轴突，寻找遥远的目的地。

英勇航行

大脑中的每个神经元都会由其分叉的树突接收电流输入。神经元根据这些输入进行计算，并将结果以电脉冲的形式沿着轴突发送到大脑其他位置的目标神经元，这些目标神经元再根据其输入进行自己的计算，以此类推。人类婴儿出生时大约有 1 000 亿个神经元！这些神经元之间的相互联系使得大脑能够处理大量的信息。下丘脑中的神经元感受到饥饿；视网膜中的神经元将眼前的视觉场景形成一幅图像；视觉皮质中的神经元将这一场景解读为从面包机中新鲜出炉的英式松饼；嗅觉皮质中的神经元将闻到的气味解释为松饼上融化的黄油；额叶皮质中的神经元接收整合这些信息，并向运动皮质发送信号；运动皮质中的神经元设定一个动作序列，并将电脉冲沿轴突向脊髓发送至运动神经元；运动神经元向轴突发送电脉冲，以激活手臂和手指中肌肉收缩的特定序列。要顺利执行这样一系列神经事件，需要非常精确的连接，而这种连接有很多在胎儿大脑中就已经形成。正因为大脑的此类连接完美无误，你现在可以把这美味的英式松饼送进嘴中，享受这当之无愧的一餐。

对于发育神经学来说，直到现在仍有一个巨大的挑战，那就是理解大脑中神经元之间是如何自我连接的。神经元的轴突是如何在大脑的其他位置寻找其目标神经元的？要确保建立所有必要的连接，一个简单的方法是让每个神经元与其他神经元建立突触。但这只能在神经元数量很少的动物身上实现。如果神经元的数量像人类这样多，大脑就必须至少比我们现在的大脑大 100 倍才能容纳必要的所有连接。所以，人类大脑并不是这样连接的。我们也知道，神经元并不是简单地随机连接，因为大体上来说，所有的人类大脑都是以非常相似的方式进行连接的。相反，似乎每个神经元都建立了数量有限但绝对精确连接。一个合理的近似值是，我们大脑中每个神经元与大约平均 100 个其他神经元相连，但实际上某些类型的神经元选择性更强，而另一些神经元则选择性较弱。因此，平均选择性约为十亿分之一的目标神经元。

令人困惑的是，神经元本身似乎已经"知道"如何连接。你可以想象有一名电工躲在一个未出生婴儿的大脑里，查阅接线图，将电缆插入正确的插座。但你知道事情并不是这样的！在没有电工的情况下，神经元成功地将自己连接了起来。

设想胚胎脊髓中的运动神经元从脊髓中发出轴突，并找到通往腿部特定肌肉的路径。当扩大规模时，这相当于一个住在法兰克福的人要去维埃拉的一个村庄。就算有了地图，有些人也会走一些弯路，但生长中的轴突很少会走错路。除将轴突发送到特定肌肉外，运动神经元还会从主轴突发出分支，导向至不同的目标。这些次级轴突寻找的目标是被称为闰绍（Renshaw）细胞的抑制性神经元。因此，每当运动神经元沿着轴突发射脉冲来激活肌肉时，它也会激活一些抑制性神经元（闰绍细胞）。这些神经元抑制着其他运动神经元，特别是那些以拮抗肌为目标的运动神经元。这一简单的脊神经回路可以确保激动剂和拮抗剂不会相互对抗，从而使行动更有效率。然而，我想在这里指出的重点是，运动神经元有一个可以导向至遥远目标（腿部肌肉）的轴突，以及另一个在中枢神经系统中有完全不同目标的轴突。

在胎儿的发育中，数十亿个正在生长的轴突同时在大脑和身体中朝着不同的方向移动，前往附近和遥远的目的地。每一个轴突似乎都知道自己的去向。这些轴突的英勇航行，其踪迹反映在成人大脑中白质和灰质的解剖结构中，这些结构的复杂名称只有神经外科医生和神经解剖学家才熟知。

生长锥

19 世纪的组织学家知道神经元有长轴突，但他们并不知道长轴突是如何形成的，因为当时无法观察到发育中的大脑内部情况，也无法观察到长轴突的形成。1907 年，在约翰·霍普金斯大学工作的发育生物学家罗斯·格兰维尔·哈里森（Ross Granville Harrison）发现了一种方法："通过这种方法，可以直接观察仍然存活的生长中神经末端"。[1] 他的方法是从青蛙胚胎中取出一小块组织，将其放在用于制作显微镜玻片的盖玻片上。然后，他将几滴成年青蛙的淋巴液滴在这块胚胎组织上。淋巴凝结成透明凝胶，将组织固定在适当位置，并为其提供营养。哈里森随后将这块盖玻片倒置在中空的显微镜载玻片上，并用蜡密封边缘。这样，他就可以透过盖玻片看到这块可能存活长达一周或更长时间的微小组织。在这种情况下，哈里森可以在每分钟、每小时甚至每天观察单个细胞（见图 5.1）。这项细胞生物学的开创性技术被称为组织培养，使细胞在培养皿或培养瓶中存活或生长，让哈里森看到了从年轻神经元中长出的轴突。他描述了从外植体延伸到凝胶淋巴中的大量"纤维"，它们其实是单个轴突。这些延伸的轴突最显著的特征是，在每个轴突的顶端都有一个展开

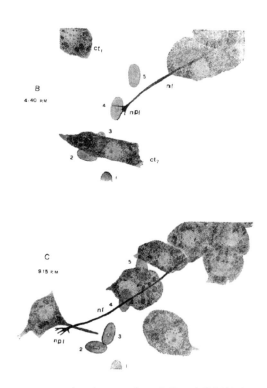

图 5.1　哈里森 1910 年研究的一个生长轴突

的末端，不停地"迅速改变其形状，以至于很难准确绘制其细节"。[2] 著名的圣地亚哥·拉蒙·卡哈尔（见第 4 章）在其胚胎脊髓切片的轴突顶端也看到了这样展开的末端。卡哈尔以其经典的华丽风格写道："我有幸首次目睹这惊人的生长中的轴突末端。在我的三天大的鸡胚胎脊髓切片中，这一末端看起来像是圆锥形的原生质集在一起，像变形虫一样运动……这般奇妙的末端聚落，我将其命名为生长锥。"[3] 卡哈尔对神经系统的洞察力是何等的非凡，他直观地从固定切片上观察到生长锥的活跃运动，而哈里森首次观察到这种运动已经是二十年之后。

下午4点（图5.1上）和晚上9点15分（图5.1下）时分别记录的轴突（nf）顶端的生长锥（nPI）。请注意，编号1–5的红细胞位置固定（沿其长轴约20微米），可作为轴突延伸距离的标记。

让我们进入生长锥的内部看看它的工作原理（见图5.2）。生长锥内部工作的最明显特征是其动态的细胞骨架（细胞质骨架，一种为细胞提供结构支持的微小分子线缆）。这种细胞骨架是相互连接的框架，由可伸缩的微观细丝组成。最重要的细胞骨架成分之一是从延伸轴突进入生长锥的微管。微管由名为"微管蛋白"的蛋白质亚基组成。微管蛋白亚基被添加到正在生长的微管的一端，这些生长末端都指向与生长轴突相同的方向。当它们从轴突进入生长锥时，微管展开，使生长锥呈圆锥形。微管的延伸可推动生长锥向前。我们在第3章中了解到，在有丝分裂过程中，微管也会形成纺锤体，用于在细胞分裂时分离重复的染色体组。这一事实促使人们寻找阻断微管组装的药物，用于化疗以阻止癌细胞的快速分裂。当这种药物应用于生长锥时，轴突就会停止生长。

轴突的微管在生长锥的中央展开。肌动蛋白线缆填充了生长锥前缘延伸的丝状伪足，交错的肌动蛋白细丝填充了生长锥的外围部分。位于丝状伪足底部的肌球蛋白分子拉动通过跨膜黏附分子连接在基质上的肌动蛋白线缆，使生长锥向前移动。

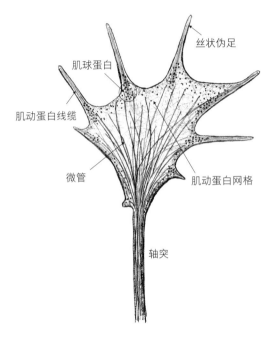

图 5.2　生长锥细胞骨架

生长锥细胞骨架中更为动态但同样重要的成分是肌动蛋白细丝，它是由肌动蛋白亚基组成的细长聚合物。肌动蛋白细丝比微管更细更短。在生长锥的中心，肌动蛋白细丝形成错综复杂的分支网络，而在生长锥的前缘，肌动蛋白细丝聚集形成粗厚的线缆，就像手指一样从中心伸出。这些充满肌动蛋白的"手指"被称为生长锥的"丝状伪足"。如果你在显微镜下观察活体生长锥，你可以看到丝状伪足从生长锥的前端冒出来。它们通常会稍微摆动一下，然后又缩回去，就像生长锥在利用这些丝状伪足来探测正确的前进方向。实际情况也似乎如此，因为如果在实验中正在生长的轴突接触到抑制肌动蛋白细丝形成的药物，生长锥就会失去其丝状伪足，并时不时偏离方向。

对活体生长锥的观察表明，它们的运动方式在许多方面类似于军用坦克。让我们从丝状伪足中的肌动蛋白线缆开始。每根肌动蛋白线缆都是定向的，其生长端指向外部，远离生长锥中心。它不断在生长末端增加新的肌动蛋白亚基，并向前延长线缆。然而，与此同时，肌动蛋白线缆正被向后拉向生长锥的中心，其非生长端正在那里被拆解。前端的增长速度与后端的拆解速度大致相同，其结果是，丝状伪足中的肌动蛋白线缆长度基本保持不变，但其组成肌动蛋白正不断向后移动，就像坦克的底带一样。生长锥的马达不是柴油发动机，而是一组肌球蛋白分子，类似于那些拉动肌肉细胞中肌动蛋白线缆的分子。肌球蛋白分子位于丝状伪足的底部，牢牢附着在生长锥的中央细胞骨架上，拉扯着肌动蛋白线缆，不断将其拖入生长锥的中心。

使用坦克这一概念，我们就很容易理解牵引力是如何产生的。皮带底部的踏板与地面啮合，根据牛顿第三运动定律，只要不打滑，就可以通过对地面施加反向力，使整个坦克向前移动。但在生长锥中，肌动蛋白线缆位于细胞膜内，因此它们本身不能与其生长部位的基底接触。相反，它们会使用其他分子来搭建跨越细胞膜的桥梁。其中关键的是跨膜的黏附分子。这些黏附分子通过其胞外结构域附着于基底，并通过其胞内结构域连接到与肌动蛋白线缆相连的肌动蛋白结合蛋白。如果附着力良好，则可将丝状伪足的肌动蛋白缆线与基底接合，从而将整个生长锥引导至接合丝状伪足的方向。肌动蛋白细丝在每个丝状伪足的后端拆解，断开了基底和肌动蛋白线缆之间的连接，并在基底和生长前端之间形成新的连接。同样，这就像一辆坦克，后方的踏板与地面脱离，而前方的踏板与地面接合。

　　想象一个生长锥，它有几个就像张开的手指一样展开的丝状伪足。在生长锥的右侧，基底具有黏附性，善于抓握，而生长锥的左侧表面则比较光滑。右侧的丝状伪足与黏性表面相接触，将整个生长锥向右拉，而左侧的丝状伪足则难以抓地。这将导致生长锥向右倾斜。我们再考虑另一种情况，即基底条件是均匀的，有利于生长锥向任何方向进展，但这一次，右侧的分子信号刺激生长锥在这一侧延伸更多的丝状伪足。向右的拉力因此变得更强，生长锥再次向右转。同样，左边不同的分子因素也可能会抑制丝状伪足的伸展，并导致生长锥转向——我们称之为"斥力"。因此，生长锥可以推动自己前进，也可以自动转向。

每个神经元的生长锥已经准备好开始进行各种探索，感知和响应显示前方道路的分子迹象和信号。它们勇敢地穿越不同的地形，长途跋涉到达大脑中的其他目的地。

先驱与追随者

考虑到大脑连接的复杂性，卡哈尔认为弄清楚所有通路的形成方式是一项极为艰巨的任务。他若有所思地说："既然无法穿透茂盛的森林……那为什么我们不回到对苗圃阶段幼林的研究呢？"[4] 在这个更年轻、更简单的环境中，先驱轴突在大脑的最早路径中航行，开拓未来轴突将跟随的道路。随着大脑的成熟，越来越多的轴突加入这些初始路径，成为大脑的信息高速公路，即主轴突束。一些轴突从这些"高速公路"走向"街道"，而街道上的一些轴突又被分流到"巷道"中。随着越来越多的轴突进入枢纽并分支创建新的路径，大脑的路线图变得越来越复杂。因此，正如卡哈尔所建议的，一些发育神经学家开始寻找最早的轴突，也就是开辟道路的那些先驱。

1976 年，澳大利亚国立大学的迈克尔·贝特（Michael Bate）首次观察到先驱轴突的领航作用。[5] 贝特发现，在蝗虫胚胎中，每条发育腿部的末端都有一对感觉神经元，在周围没有其他轴突的阶段，这两个神经元会将轴突通过腿部向上送至中枢神经系统。令人惊讶的是，这些蝗虫腿部神经的先驱轴突沿着一组特殊细胞行进，这些细胞在正在发育的腿部中以规律的间隔出现。正如贝特所说，它们看起来就像一排"踏脚石"。最后一个踏脚石细胞就位于轴突进入中央大脑前。加州大学伯克利分校的大卫·本特利（David Bentley）认为，踏脚石细胞之间的距离很小，因此一些来自先驱轴突生长锥的较长丝状伪足可以伸展到下一个踏脚石细胞，同时仍然附着在前一个细胞上。本特利及其同事随后证明了这些踏脚石细胞对于轴突路径选择非常关键：当在实验中用聚焦的激光微束破坏一个踏脚石细胞时，先驱轴突的生长锥常常在前一个踏脚石细胞上停滞不前，有时它们甚至会转过身，返回正在发育的腿部顶端。[6]

踏脚石细胞为从腿部进入中枢神经系统的先驱轴突提供路径，这些先驱神经元的轴突成为后来出现的腿部感觉神经元在向中枢神经系统前进时所依赖的路径。但大脑内部的轴突也采用相同的策略吗？

20 世纪 70 年代末，本特利的博士生科里·古德曼（Corey Goodman）来到加州大学圣地亚哥分校尼克·斯皮策（Nick Spitzer）的实验室。斯皮策是研究青蛙胚胎脊髓的神经生理学家，他与古德曼合作，将微电极刺入蝗虫胚胎中枢神经系统的细胞，并用染料填充这些细胞。当将这些样品放在显微镜下时，可以看到每个填充神经元的完整解剖结构。古德曼、斯皮策与迈克尔·贝特进行合作，证明在腹侧神经索的每一节段中，由于其轴突和树突独特的生长模式，神经元都是唯一可识别的。许多相同类型的神经元可以在不同动物和不同蝗虫体节之间找到。[7] 在斯坦福大学的新实验室中，古德曼及其同事开始观察中枢神经系统中特定神经元正在延伸的轴突，以了解单个轴突的导向。例如，他们发现一种名为"G 神经元"的神经元，其生长锥首先附着在 C 神经元的轴突上，而 C 神经元跨越中线开辟了一条从神经系统一侧到另一侧的通路。当 G 神经元的生长锥到达中线的另一侧时，它会松开 C 神经元并开始探测新环境，延伸其丝状伪足以接触其他向不同方向生长的轴突。然后，G 神经元生长锥的丝状伪足会抓住"P"细胞的一个轴突，以此朝着正确的方向前进，也就是大脑方向（见图 5.3）。如果在实验中消除这一 P 细胞的轴突，那么 G 神经元的生长锥就会耐心地等待来自下一节段的下一个 P 细胞轴突。同时，C 神经元的生长锥会抓住另一个轴突并向后延伸。[8]

蝗虫胚胎中的 C 神经元和 G 神经元生长锥选择沿着不同轴突的不同方向生长。

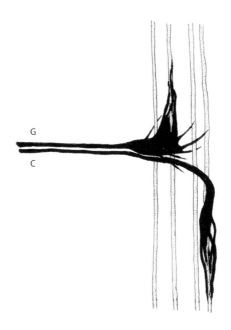

图 5.3　带标签的线条

　　贝特、本特利及其同事的工作说明，在先驱生长锥和踏脚石细胞之间，以及不同的轴突之间，存在着特殊类型的黏附相互作用，这对轴突导向至关重要。因此，寻找发育神经系统中细胞黏附力差异的分子本质，并了解其是否在众多动物（甚至人类）中共存，这一点引起了人们极大的兴趣。

分子导向

　　古德曼的实验室开始寻找导致轴突之间黏附力差异的分

子，他们生产了蝗虫胚胎神经系统细胞膜的抗体，从中筛选了可标记一小群紧密排列轴突（称为神经束）的抗体，并使用这些抗体来纯化蛋白质。他们通过这种方式发现的前两种蛋白质被称为成束蛋白 -1 和成束蛋白 -2。成束蛋白 -1 出现在一些横跨中线的轴突束上，而成束蛋白 -2 出现在一些沿着头尾的轴突束上。追随者轴突（就像上面提到的 G 神经元）可以使用这些通路。如果它们想要横跨中线，它们会表达成束蛋白 -1；如果它们想要从尾到头前进，它们就会转换成成束蛋白 -2。在这种情况下，不同的成束蛋白并不是对应不同的轴突，而是对应路径的不同部分。

古德曼拜访了当时正在剑桥大学的贝特，他们发现，在果蝇胚胎上可以进行同样的实验。果蝇突变体可以触及与轴突导向相关的基因，而这些基因将揭示这些导向因子的分子性质。果蝇胚胎比蝗虫胚胎小得多，所以很难找到果蝇的先驱轴突。尽管如此，他们依然成功证明了果蝇有一组与蝗虫非常相似的先驱轴突，只是更加微型。古德曼及其同事随后开始寻找具有胚胎连线错误的果蝇突变体。这是发育神经生物学激动人心时代的开始。我们知道，引导轴突生长的分子类型很快就会揭晓！

古德曼实验室中发现的许多突变都会影响编码细胞黏附分子（CAM）的基因。成束蛋白 –1 和成束蛋白 –2 均为 CAM。大多数 CAM 的共同特征是它们具有亲同性（它们非常喜欢自己），这意味着它们可以结合到另一个细胞表面的相同 CAM 上。在发育胚胎中，如果两个轴突在其表面表达相同的亲同性 CAM，它们将倾向于彼此黏附，并形成轴突束。发育中的神经系统使用像颜色编码系统一样的亲同性 CAM：红色轴突附着在红色轴突上，黄色轴突附着在黄色轴突上。先驱轴突使用一组特定的 CAM 来装饰自己，这样表达相同 CAM 的轴突就可以跟随它们。通过这种方式，轴突束就在中枢神经系统中建立了起来。除跟随表达相同 CAM 的轴突外，早期轴突还可能在其旅程的最后一段开辟一条新路线，并增加一个新的 CAM 来帮助后来的轴突到达相同的位置。随着更多的轴突和 CAM 被添加到网络中，第一批先驱搭建的简单脚手架变成了在大脑中行进的错综复杂的主次路径。轴突旅行至目的地的方式，就像波士顿人去动物园一样，他们乘坐绿线到公园街下车，然后换乘红线在阿什蒙特下车，再从阿什蒙特乘坐 22 路公交车到富兰克林公园，然后自己走完剩下的路。

局部导向

视网膜神经节细胞的轴突是真正的先驱。它们从视网膜航行至大脑中的目标，而不会遇到任何向不同方向移动的其他早期先驱轴突。即使将眼原基从年长的青蛙胚胎移植到年轻的青蛙胚胎，使视网膜神经节细胞轴突成为整个大脑中的第一个轴突，它们仍然能正确航行至其目标。这些先驱轴突形成了一条路径，这条路径将成为视神经和视束。视网膜神经节细胞的轴突在大脑的"视交叉"区域穿过腹中线，然后朝着前脑和中脑边界附近的背侧前行。大多数轴突会转向尾侧，最终到达位于背侧中脑的"视顶盖"的目的地。一些来自模型脊椎动物大脑中视网膜神经节细胞生长锥的延时视频显示，这些轴突以相对恒定的速度稳步生长，偶尔会在决策点停顿，但很少偏离方向。

这些视网膜神经节细胞轴突是如何找到正确方向的？一种可能性是，其目标（视顶盖）会分泌出可扩散的"召唤"分子。然后，生长锥就会像猎犬一样，跟随气味找到源头。这一假设似乎与我曾经做过的实验结果一致。我曾将两栖动物胚胎中的眼原基移植到大脑的不同区域。无论视网膜神经节细胞轴突从何处开始出发，它们似乎总是朝着视顶盖生长。[9] 在我的研究发表后不久，牛津大学的杰里米·泰勒（Jeremy Taylor）在眼睛中的视网膜神经节细胞轴突形成之前，就从发育青蛙胚胎中完全移除了视顶盖；然而，当视网膜神经节细胞轴突形成之后，它们仍然能完美地航行至中脑背侧，却发现它们的目标早已消失。[10] 很明显，对于我的实验结果，除了远程的"召唤"分子，还应当有另一种解释。

早在 1965 年，加利福尼亚理工学院的艾默生·希伯德（Emerson Hibbard）就已经发表过类似的解释。希伯德专注于在鱼类和幼蝌蚪的后脑中发现的一组"巨型神经元"。这些是莫特纳神经元，以路德维希·莫特纳（Ludwig Mauthner）的名字命名，他在 19 世纪中期发现这些神经元能介导快速逃逸反应。希伯德可以在显微镜下轻松辨认出它们的巨大轴突。他看到这些神经元穿过中线，从脊髓尾端向下，沿着身体的另一侧支配运动神经元。当莫特纳神经元被身体一侧的触摸或振动所激活时，另一侧的所有肌肉几乎会立即收缩，导致动物卷曲成 C 形，而这正是快速游泳的起始姿势。希伯德所做的简单实验是，取一小片即将形成火蜥蜴胚胎后脑组织的神经板，将其从尾到头旋转 180 度，再将其移植到另一个相同年龄的胚胎中。在这些实验中，宿主胚胎会发育出一块额外的方向调转的后脑，并在移植组织中形成一对额外的莫特纳神经元。当这些额外的莫特纳神经元在旋转后脑中发出轴突时，它们首先朝着错误的方向移动，也就是向上移动到中脑，而不是向下移动到脊髓。然而，一旦其离开旋转了的组织，发现自己置身于未旋转的组织中，它们就会急剧地掉头向下移动（见图 5.4）。希伯德推测，轴突的生长方向应该会受到局部环境相互作用的影响。[11] 在研究了希伯德的早期工作后，我对视网膜神经节细胞轴突做了一个类似的实验，实验表明，当这些轴突在向视顶盖前进的途中进入一块顺时针旋转的组织时，它们也会顺时针旋转，就像它们在跟随旋转区域中的局部信号一样。但当它们离开旋转区域，发现自己没有到达预期位置时，它们会转弯纠正自己的方向，并找到通往视顶盖的道路。[12] 这一剪切实验表明，先驱轴突通过读取局部信号来进行导向，而不是嗅探远处的信号。

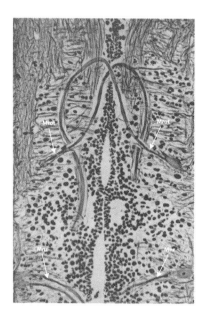

图 5.4　希伯德 1965 年用旋转后脑片段所做的实验

　　旋转的巨型莫特纳细胞轴突（Mrot）穿过中线向上朝大脑移动，当其离开旋转组织后，它们就会转头向脊髓方向移动。未旋转的莫特纳细胞轴突（Mnr）在显微照片的底部附近，正常穿过中线并向尾侧移动。（转载自：E. Hibbard. 1965. "Orientation and Directed Growth of Mauthner's Cell Axons from Duplicated Vestibular Nerve." Exp Neurol 13: 289–301.）

神经系统轴突连接的形成过程可以比作一个小村庄转变为一个大都市时的逐步成长过程。最先到达的是那些用自己的指南针和地理知识开辟路线的先驱者。他们研究当地的地形，了解土地的布局：峡谷中的河流是如何流向湖泊的。其他人追随着先驱者。随着更多人走上先驱者最初走过的小路，一些小路变成了大道——就像横贯南北的央街和横贯东西的布鲁尔街。小镇逐渐发展成为城市，街道逐渐发展成为高速公路，修建了许多新街道，建造了一些地铁线，还成立了一支曲棍球队。如果你手上有一张城市地图，只要你能支付公交费用，读懂标志，你就可以从几乎任何地方去看枫叶队的比赛。

吸引与排斥

20 世纪 80 年代，伦敦大学学院的安德鲁·拉姆斯登（Andrew Lumsden）和阿伦·戴维斯（Alun Davies）研究了某些感觉轴突是如何到达小鼠胡须根部的。小鼠通过抖动胡须来为自身建立一幅基于触摸的地图，而这些胡须受到大量的神经支配。位于胡须根部的表皮区域被称为"上颌垫"，是第五颅神经众多感觉神经轴突的目标区域。拉姆斯登和戴维斯将这些感觉神经元和上颌垫在其接触前阶段置于组织培养皿中，并使其彼此靠近。轴突径直向上颌垫生长，而不会转移到拉姆斯登和戴维斯添加的其他组织中。研究人员推测，上颌垫会释放可扩散的分子，吸引着这些感觉轴突。[13] 化学诱导指的是生物学中细胞检测到附近化学物质浓度梯度并向其移动的一个过程。例如，化学诱导可以帮助白细胞移动到感染部位。因为这种未知的化学诱导剂来自上颌垫，拉姆斯登和戴维斯给它起了个绰号——"上颌因子"。

这种化学诱导剂的存在似乎与我在上一节描述的工作相矛盾，我们当时认为目标不会吸引远处的轴突。但由于大脑中的诱导剂往往在分泌后不久就黏附在细胞外物质的基质上，所以只有在轴突靠近分泌部位时才能检测到它们。在局部环境中，除吸引因子之外，细胞还可以分泌化学排斥因子，如果生长锥太靠近，它们就会选择避开。在上颌垫分泌化学诱导剂的同时，附近的组织也会分泌化学排斥剂。因此，对于这些感觉神经轴突来说，它们只有一个选择，那就是进入上颌垫并通过神经支配胡须。

20 世纪 90 年代，随着现代分子遗传学和基因工程的进步，科学进入了快速发掘生命的分子本质的新时代。科学家们可以对在培养皿或模型生物体（例如线虫、果蝇和小鼠）中参与几乎任何生物学过程的蛋白质和基因进行测序。这项工作使得人们可以开始探索化学吸引因子和排斥因子的性质。1990 年，约翰·霍普金斯大学的爱德华·赫奇科克（Edward Hedgecock）及其同事发现了三个会影响秀丽隐杆线虫先驱轴突导向能力的基因。这些基因来自一组运动不协调的突变体，因此它们都被称为 unc（非协调）突变体。其中一个 unc 突变体影响背侧轴突的导向，另一个影响腹侧轴突的导向，还有一个同时影响背侧和腹侧轴突的导向。赫奇科克及其同事随后克隆了这些基因，他们发现那个同时影响背侧和腹侧导向的 unc 基因编码了一种负责轴突导向的新分泌性蛋白。[14] 加州大学旧金山分校的马克·泰西尔·拉维尼（Marc Tessier-Lavigne）及其同事很快找到了这种 unc 基因的脊椎动物同源物，并将该基因产生的导向因子命名为"神经导向因子"（Netrin，词根"netr"来自梵语，意为"引导者"）。[15] 另外两个 unc 基因负责为 Netrin 制造受体。具有一种受体的生长锥会被 Netrin 所吸引，而具有另一种受体的生长锥会被 Netrin 所排斥。

Netrin 是一个高度保守的并在进化上相关的蛋白家族的成员，它不仅参与轴突的引导，而且还参与许多其他身体组织（包括各种导管和血管）神经元和细胞的迁移。因此，Netrin 家族基因的突变会破坏多组织的形态发育，并引发人体的各种病症。人类中很少发现 Netrin 家族基因的突变，可能是因为它们对发育至关重要。然而某些突变只会使 Netrin 的功能轻微受损，虽然不会致人死亡，但这种突变会与脊髓中异常的轴突中线交叉和相应的行为障碍有关，此类行为障碍的特征是一只手的运动会不自主地跟随另一只手的运动指令。[16]

在发现 Netrin 的同时，宾夕法尼亚大学的乔纳森·雷珀（Jonathan Raper）及其同事发现了一个排斥性的导向因子。他们将这种因子称为"Collapsin"，当活跃的生长锥在贴近或接触微量的 Collapsin 时，它们会收回所有的丝状伪足，并坍缩成简单的球状。[17] 生长锥会松开对表面的抓握，同时轴突迅速向后撤回。当将极少量的化学排斥剂施加在生长锥的一侧时，它就会收回该侧的丝状伪足转而离开，就像是被排斥一样。Collapsin 成为另一个轴突导向因子大家族被发现的首位成员，古德曼及其同事在果蝇中也发现了这一家族，并称之为"信号素"（Semaphorins，来自单词"信号标"，一种通过旗帜或手臂位置发送信号的系统，用于远距离传递信息）。人类基因组中有 20 个不同的信号素基因，每个基因构成其中一个信号素的略微不同版本。就像 Netrin 一样，这些信号素也有许多不同的受体。我们可以想象，不同轴突的生长锥以不同的方式对其所贴近或接触的 Netrin 或信号素做出反应：一些被吸引，一些被排斥，还有一些不受影响。从这个角度我们可以想象，正在向不同方向前进的生长锥面临的多种多样的选择。

自从 Netrin 和信号素被发现以来，众多实验室已经发现了更多的轴突导向因子。如果观察早期的神经系统并绘制出所有这些导向因子的位置图，就会发现胚胎神经系统实际上被各种导向因子所覆盖。就像不同的人可能会使用同一张城市地图去不同的地方一样，不同的轴突可能会使用大脑中相同的分子分布来到达不同的目的地。因此，早期的大脑就像是为先驱轴突提供信号指令的三维拼布床单，先驱轴突每隔20—50微米就可能遇到一个截然不同的分子区域。正如不是每个人都会去看曲棍球比赛，重要的是要知道你想去哪里，以及你现在在地图上的什么位置。生长锥是发育中大脑分子图谱的复杂读取器，在做出导向决策时，它们会不断整合吸引因子、排因子、细胞黏附分子和其他潜在的导向信号。毕竟，这是它们唯一的工作。

中间目标

19世纪中期，疲惫不堪的旅行者成群结队地向西穿过美国，越过落基山脉，到达俄勒冈州和加利福尼亚州。大多数西部先驱者首先前往的是怀俄明州甜水谷一座被称为"独立岩"的巨大花岗岩山。独立岩标志着俄勒冈通道的大致中点，先驱者经常会在这里停下来休息一会儿，并为下一阶段的旅程做准备。他们经常在石头上刻下自己的名字和到达日期。但他们不能耽搁太久，如果他们在7月初才到达那里的话，他们就可能无法在降雪封路之前越过落基山脉。生长锥也有类似的问题，它们也可能被途中的某个地方吸引，但不能停留太久。这只是中间目标。轴突必须离开具有吸引性的中间目标，继续前进，踏上下一段旅程。

神经系统腹侧中线是许多轴突从大脑一侧跨越到另一侧的中间目标，关于轴突如何到达和离开具有诱向性的中间目标的问题已经被广泛研究。神经解剖学家将轴突跨越中线的现象称为"连合"（commissures）。连合是我们神经系统的共同特征，因为我们需要协调身体两侧的感觉和运动功能。脊椎动物脊髓的腹侧连合先驱是最先将轴突发往腹侧的神经元。在腹侧中线附近，它们会遇到一些吸引因子，如 Netrin。然后，它们越过中线，通常向上生长到大脑，或是向下生长到脊髓另一侧的尾部，并且不再穿过中线。也就是说，一旦生长锥到达另一边侧，中线的吸引因子就不再对生长锥产生任何影响。怎么会这样？

对这一问题的首次解读来自古德曼实验室在果蝇胚胎中寻找轴突连线突变体时发现的一种突变果蝇。在这个被称为"环岛（Robo）"的突变体中，轴突反复穿过中线并绕圈走动，就像我有时在英国的环岛上的行驶路线一样。Robo 基因编码在腹侧中线表达的名为"Slit"化学排斥因子的受体。在穿过中线之前，连合神经元的生长锥表达中线吸引因子的受体，而不表达排斥因子受体。但当其越过中线后，它们就会开始产生 Slit 的受体 Robo，使中线变得更具有排斥性，而不具吸引力。在 Robo 突变体中，这些轴突无法感知化学排斥因子，因此它们会反复跨越中线。无论我们考虑的是果蝇还是人类神经系统，其中的概念和许多导向分子都是相似的：连合轴突最初被吸引来到中线，但当其越过中线后，它们会做出改变，使得中线变得不再具有吸引力，甚至具有排斥性。[18] 腹侧中线只是神经系统中许多中间目标之一，先驱轴突必须先生长到这些中间目标，然后离开。这一策略将其漫长的旅程分成几个可管理的部分，从一个中间目标移动到下一个中间目标，而不会停滞不前，也不会倒退。

1987 年，我的长期合作伙伴（也是最伟大的妻子）克莉丝汀·霍尔特（Christine Holt）和我在德国图宾根的马普发育生物学研究所的弗里德里希·邦霍弗（Friedrich Bonhoefer）实验室进行学术休假。我们想拍摄青蛙胚胎视网膜神经节细胞的生长锥航行至其中脑背侧目标的视频。为此，克莉丝汀会小心翼翼地在一个眼芽上方切开一个小缝，然后插入一根携带着少量荧光染料的针，将染料转移到几个细胞上。下一步是将胚胎翻转到显微镜玻片上，这样我们就可以对视网膜神经节细胞轴突的生长锥进行高倍率延时记录，这些轴突已在视交叉处穿过中线，正在前往视顶盖或中脑背侧。成功记录一次过程需要持续一天一夜。有一天，当克莉丝汀在翻转一个成功标记的胚胎时，她的手抖了一下，不小心撕裂了含标记的视网膜神经节细胞的微小眼芽。当时，第一个视网膜神经节细胞轴突已经离开眼睛，穿过视交叉的腹侧中线，正在背侧沿着大脑的另一侧向上爬行。在这个阶段，若不是我们将生长锥和其细胞体分离开来，我们本可以完美地记录这个标本。我们争论了一会儿，不知道是否应该浪费一整天的时间来研究这个糟糕的生长锥。我们原以为这样的轴突肯定会死亡，我本想重新开始，但我们访问实验室的主人邦霍弗鼓励我们无论如何都应当看看会发生什么。我们拍摄的延时视频让我们大吃一惊：被分离的生长锥继续沿正确方向生长了几个小时。而其他我们后来故意切断其轴突的生长锥，也在与其细胞体和细胞核分离后仍具有显著的自主性。[19]

事实证明，生长锥拥有制造新蛋白质和降解旧蛋白质所需的所有机制。它们使用数千种不同的信使 RNA 分子不断合成新的蛋白质，而这些信使 RNA 分子从细胞核的起源处一直移动到神经元远端的前哨站。许多导向信号（不论是吸引性的还是排斥性的）在与其受体结合的几分钟内，就可以刺激生长锥中的蛋白质合成。霍尔特及其同事发现，这种新的蛋白质合成对于生长锥对导向信号的反应及其进一步行动是至关重要的。[20] 当生长锥到达中间目标时，它可以迅速重置其导向的优先级，从而使当前目标变得不再有吸引力，而使下一个目标变得更有吸引力。

一般来说，像 Netrin 这样的导向信号，在具有吸引性时，会导致参与生长锥细胞骨架黏附和组装的蛋白质局部合成增加。当生长锥感知到某侧存在吸引性导向因子时，该侧的局部蛋白质合成会促进其在该方向的生长，使生长锥转向诱导剂。在排斥模式下，相同的导向因子导致此类蛋白质合成减少，并加快分解细胞骨架的蛋白合成。因此，当生长锥体感知到某侧存在排斥性导向因子时，它会减缓该方向的生长，并使生长锥转向。这一逻辑乍看起来似乎很简单，但它也指出了该领域未来工作者面临的挑战。如果生长锥是一种能够在充满有着不同诱导性的导向信号和黏附分子的胚胎大脑中行进时不断重新定位的全自动机器，我们怎么才能搞清楚这一切呢？

再生

1928 年，卡哈尔写道："一旦发育结束，轴突和树突的生长源泉就将不可逆转地枯竭。在成人中枢，神经路径是固定的、终结的、不变的。一切终会死亡，万物无法再生。但如果有可能，应由未来的科学来改变这一严酷的法令。"[21] 1985 年，当时的马克·布尼孔蒂（Marc Buoniconti）还是一位年轻的大学橄榄球明星，他在一场比赛中伤到了脊髓。从那一刻起，他脖子以下的肌肉就再也无法动弹了。为了找到治疗马克伤病的办法，也为了帮助其他许多受到这种脊髓创伤的患者，马克的父亲尼克·布尼孔蒂（Nick Buoniconti，NFL 名人堂成员）与巴思·A. 格林（Barth A. Green）一起创建了迈阿密瘫痪治愈计划。[22] 迈阿密计划是世界上专注于这一任务的几个主要研究和治疗中心之一。然而不幸的是，在成年人中，从严重的脊髓损伤或严重的创伤性脑损伤中恢复的预后仍然很差。这并不是对科学的控诉，因为修复受损的神经系统可能是所有医学中最大的挑战之一。对实验动物和组织培养神经元的研究表明，哺乳动物成年神经元的再生能力本质上低于年轻神经元，它们似乎失去了青春的魔力。研究还表明，承受神经损伤的部位充满了对轴突再生具有抑制作用的非神经细胞和细胞外物质。最后还有一点，在胚胎时期神经元用来寻找正确目标的许多导向信号，通常不能用于引导成年轴突的再生。

对于这类再生挑战，科学家们在某些细节方面取得了重大进展，但目前还没有找到完全治愈瘫痪的方法。然而，这一领域的工作人员仍然希望对轴突生长机制和发育过程导向机制的研究能帮助我们找到使成年人断裂轴突重新生长的方法，从而有朝一日我们能够治愈像马克这样的神经系统损伤患者。

连接是大脑发育过程中的伟大壮举之一，也是神经科学和医学面临的巨大挑战之一。对第一批先驱及其数十亿追随者的精确轴突导向，可确保正确的信息到达正确的位置进行处理和计算。生长锥用来导向的导向信号，其本质可能是膜结合黏附分子，也可能是局部化学吸引因子和排斥因子。无论是开拓新路线，还是使用其他轴突作为公共交通系统，生长锥都会经常改变和更新其优先事项，以决定下一步的走向。最终，它们几乎都到达了目的地，并将在这里找到突触伙伴并建立联系，使大脑开始兴奋起来。

兴奋

我们将见证两个神经元生命中的重要时刻，一个神经元的轴突与另一个神经元的树突相遇，两个神经元意识到它们属于彼此。它们紧紧贴合在一起，以突触之吻达成协议。

特异性

婴儿第一次在子宫内蹬腿大约是在孕期过半的时候。这是怀孕期间令人难忘的时刻，是母亲与未出生孩子建立联系的新来源，也是几年后可能会让孩子感到尴尬的话题。婴儿开始蹬腿对于神经系统的发育意味着什么？这当然意味着运动神经元的轴突已经到达了它们旅行的终点，并开始与腿部肌肉形成突触。只有当突触建立之后，婴儿才能做出蹬腿的动作。和腿部运动神经元的轴突一样，大脑中数十亿个其他轴突也到达了旅程的尽头，并开始彼此建立突触。在到达特定目的地后，发育轴突会脱落生长锥，开始萌发分支，在其周围成千上万个目标神经元之间穿梭。目标神经元一直在等待轴突的到来，为其伸展树突。分叉的轴突末梢在这片不断生长的树突森林中寻找最合适的突触伙伴，而树突也是一样。

神经系统中的连接具有无与伦比的精确度，但直到20世纪20年代，人们才明白这种特异性是如何实现的。在维也纳科学院，一位名叫保罗·韦斯（Paul Weiss）的年轻发育生物学家开始研究这一具有挑战性的问题。作为一名研究生，韦斯一直在研究蝾螈神经的再生能力。他注意到，当腿部神经再生时，蝾螈可以重新获得正常用腿的能力，所有的神经反射都完好无损，并与其他肢干保持完美的平衡。为了了解感觉反馈是否在这种重建中起到了作用，韦斯只让运动轴突而非感觉轴突再生，使动物无法感觉到再生的肢干。然而，协调的运动再一次完全恢复，因此，感觉反馈并不是必需的。韦斯提出了一种他称为"肌型特异性"的解释。根据肌型特异性原理，运动神经元最初并不太挑剔，它们会随机支配肢体肌肉，任何运动神经元都可以支配任何肌肉。交叉神经支配实验已经证明了这一点。接下来就是肌肉和运动神经元之间的交流。肌肉细胞传达了这样的信息："你好，你刚刚和我（臀大肌）建立了突触。"运动神经元随后利用这些信息来正确连接脊髓。肌型特异性对于解释神经交叉实验结果特别有用。例如，韦斯及其同事切断了一条支配着蝾螈腿部伸肌的神经，然后将其连接到附近的屈肌上。当这些蝾螈恢复腿部运动时，它们的动作是异常的，几乎是颠倒了过来，证明交叉神经支配是成功的。但大约一周之后，交叉神经支配的腿部开始重新同步，并恢复了之前的所有协调能力。

韦斯的肌型特异性概念在某种程度上来说非常完美，它有助于理解大脑整体的连接。如果肌肉可以保持其特异性，那其他细胞是不是也可以保持其特异性，并将其转移到与其形成突触连接的任何神经元中呢？发育中的突触会成为细胞身份信息的交换场所。在韦斯概念的扩展版本（称为"共振假说"）中，每个神经元都会告诉其支配神经元，它现在已经成功完成了哪些任务，然后这些神经元再将这些信息传递给它们的支配神经元："你好，我是 X–24 型抑制性神经元，我已和一个运动神经元相连，它与臀大肌相连。"以此类推。

遗憾的是，在韦斯搬到芝加哥大学后不久，他招到了一位名叫罗杰·斯佩里（Roger Sperry）的研究生，而他所做的工作会动摇韦斯自己的共振假说。[1] 在韦斯实验室的博士工作中，斯佩里使用幼年大鼠来研究肌型特异性是否适用于哺乳动物。在出生后发育的早期阶段，大鼠可以一定程度上再生周围神经。斯佩里通过交叉神经支配腿部的屈肌和伸肌。他发现，与蝾螈不同的是，这些大鼠在超过一年的时间里并没有恢复正常运动的迹象。实验大鼠总是奇怪地移动它们被交叉连接的四肢，而当这些动物被放入一个装有小型电网的围栏时，交叉连接的那条腿会更用力地压在网格上，而不是像其他三条腿那样尽快抬起。在一年多的时间里，这种异常的神经反射根本没有恢复正常。

这一结果与蝾螈的神经刺激实验结果大不相同，这让斯佩里不禁怀疑，蝾螈的实验结果是否应有另一种解释。如果在交叉连接的实验蝾螈中，交叉的轴突不知何故自行分离了呢？如果它们回到了自己真正的家中（也就是其原来的肌肉）呢？为了验证这一想法，斯佩里开始在各种动物（鱼类、蝾螈和蛙类）身上进行交叉神经实验，同时尽力防止任何原始神经进行重新支配。在这些案例中，没有动物可以恢复正常的运动能力。斯佩里对韦斯实验中动物恢复正常协调能力的解释是，原始神经找到了回家的路。的确，人们现在已经知道，对于两栖动物而言，其原始神经确实会回到其自身肌肉，并赶走任何外来的突触。这项工作表明，再生运动神经元的肌型特异性概念可能是错误的，这是对实际发生情况的简单错误解释。

20 世纪 70 年代，当我还是一名研究生时，我有幸成为斯佩里在加州理工学院教授的一门神经生物学入门课程的助教。我记得曾有一名学生问斯佩里，交叉神经支配手术是否在人类身上进行过。斯佩里解释说，在面神经受损的情况下，可以通过手术改变神经的路线，帮助患者重新获得一些控制力和肌肉张力。人类甚至可以学会用自主意识指挥"错误的"肌肉去做正确的事情（例如，学习如何微笑），但不知不觉中出现的情绪和神经反射的自然表达，往往导致这类患者错误的肌肉收缩，以至于出现不适宜的动作和表情。

虽然韦斯及其追随者肯定误解了交叉连接实验，但肌型特异性概念仍有可能是正确的。也许这种特异性是在最初建立连接时发生的。这些初始连接仍然可以与任意目标肌肉建立，目标肌肉会告诉这些连接自己是谁。然后，如果在稍后的某个阶段，实验者切断神经并使其再生，那时的神经应当已经"知道"自己是谁，以及应该长回哪块肌肉。然而，检验这一想法并非易事。在 20 世纪 80 年代，耶鲁大学的林恩·兰德梅瑟（Lynn Landmesser）发现了一种方法，可以对鸡胚胎的一小组神经元在其长出轴突之前进行标记。在一项关键的实验中，兰德梅瑟和研究同事辛西娅·兰斯·琼斯（Cynthia Lance Jones）在运动神经元轴突尚未开始生长的发育阶段，旋转了这些胚胎中的脊髓片段。他们看到，这些原始运动神经元的轴突生长到了对应的原始肌肉，即使它们必须通过非寻常路线才能到达。这些运动神经元的连接并不是任意的，仿佛它们从一开始就"知道"自己应该连接哪块肌肉。兰德梅瑟和兰斯·琼斯的结论是："运动神经元在轴突生长之前具有特定的身份。"[2] 这一实验证据最终说明肌型特异性的概念是错误的。

化学亲和力

在推翻神经系统连接的主流假设后，斯佩里开始寻找对这一进程的新见解。他进行了一系列实验，其结果支持了一个全新的神经连接特异性理论。这些实验涉及视觉，以及眼睛和大脑之间的连接。第一个实验很简单，他切断了一只蝾螈的视神经，等待其重新生长到其主要目标，即中脑背侧的视顶盖。当这只动物的视力恢复后，它的视力正常。当诱饵在它上面时，它会向上咬；当诱饵在它下面时，它会向下咬。一切正常！就像肢干在神经再生时恢复了完美的协调性一样。接下来斯佩里做的实验类似于他对运动神经做的交叉神经实验。在这一系列实验中，他在蝾螈的眼框内拧松一只眼球，将其旋转 180 度，然后上下颠倒地重新缝合回去。他在这项实验中提出的问题是，动物的视觉是否会发生旋转。如果视觉在一开始会以某种方式旋转，神经系统是否会进行调整，最终让蝾螈向正确的方向咬住诱饵？这项实验对于这两个问题都得出了明确的结果。第一个问题的答案是肯定的。当视力恢复后，它们的行为就像是它们的世界颠倒了过来。斯佩里对许多种类的蝾螈和青蛙做了同样的实验，得到了类似的结果。然后，他尝试在旋转眼球之前切断视神经，这样当视神经再生时，它更有可能找到更为合适的连接。但正如斯佩里所描述的，结果总是一样的。

当一只苍蝇被夹到这些动物一步之遥的面前，它们迅速转向后方，而不是向前突击。相反，将诱饵放在它们的后方稍微偏向一边时，它们就会向前冲到空中。当这些动物待在诱饵远远低于其眼睛高度的地方时，它们会向上倾斜头部，尝试在空中捕猎。若将诱饵举到它们的头顶上方，并向眼睛靠近时，这些动物会在前方向下猛击，狠狠吃了一口泥土和苔藓。[3]

第二个问题的答案也同样明确。答案是否定的，手术后的动物视觉再也没有恢复过来。在它们的余生中，它们一直朝着错误的方向捕猎。

从视网膜到视顶盖的点对点或地形图投射的形成，是因为起源于视网膜相邻位置的轴突与视顶盖相邻位置上的神经元建立了突触连接。神经连接的这种地形图模式在大脑物理结构中保持了视觉空间的连续性。视网膜到视顶盖的有序映射必须通过视网膜神经节细胞轴突沿着视顶盖的两条轴线在精确的地形图位置上形成突触的能力来实现：从前到后和从内到外。斯佩里因此大胆假设，在整个视网膜和整个视顶盖内存在匹配的分子梯度。例如，视网膜中的一个分子可能存在梯度，它会与另一个具有视顶盖梯度的分子结合在一起。一个梯度可能由配体组成，另一个梯度可能由该配体的受体组成。这一过程可以沿着轴线创建一张有序的地图。为了覆盖整个视觉空间，斯佩里认为有这样的两个梯度："它们以几乎垂直的轴线相互延伸并穿越彼此"。这些梯度会在视顶盖的每个神经元上标记适当的经纬度，作为一种化学编码。来自视网膜表面特定坐标的视网膜神经节细胞可以识别在视顶盖坐标上具有匹配化学值的配对细胞。这就是斯佩里的"化学亲和力"假说。[4]

现在，斯佩里的化学亲和力概念取代了韦斯的共振概念，但它也必须经受住实验的挑战。关于这一新假说，首先需要验证的一件事是，视网膜神经节细胞是像运动神经元一样从形成起就是特定的，还是通过与视顶盖伙伴的原始相互作用而获得其特定的身份。由于斯佩里的实验都是在再生轴突上进行的，这意味着视网膜神经节细胞的轴突可能只是在沿用原来的路径。20世纪80年代初的眼芽旋转实验表明，即使将发育成眼睛的组织在轴突形成之前就被旋转，从实验胚胎发育而来的成年动物也能通过这只眼睛看到上下颠倒的世界。就像运动神经元一样，视网膜神经节细胞似乎也在形成轴突之前就被指定去寻找正确的突触伙伴。

化学亲和力概念经受住了第一个实验挑战，但对于视网膜是如何使用地形图与视顶盖连接的，还有另一个合理的解释不需要援引化学亲和力这一概念。这一想法基于轴突进入目标区域的顺序。想象一下，视顶盖就像一个挤满狂热歌迷的音乐厅。他们的座位并没有被分配，但引座员会把首先到达的人带到前排座位，然后进入下一排，以此类推。而视网膜神经节细胞的轴突确实是以从背到腹的有序方式到达视顶盖的。因此，理论上看，根据到达时间的先后（而不是化学亲和力）就可以建立初始的连通地形。然而，改变到达顺序的实验并不会干扰正常的地形图映射。[5] 化学亲和力概念又经受住了另一个挑战。随着越来越多的实验排除了其他可能的假设，分子生物学家开始认真对待化学亲和力概念，并开始寻找相关的分子。

Eph和Ephrin的梯度

虽然有很多实验室使用不同的策略来寻找化学亲和分子，但直到 1987 年，也就是斯佩里首次提出化学亲和力的 35 年后，弗里德里希·邦霍弗（Friedrich Bonhoeffer）及其在德国图宾根马普发育生物学研究所的同事才取得了重大突破。他们开发了一种组织培养方法，通过这种方法，视网膜神经节细胞轴突可以选择在两块不同的视顶盖细胞的细胞膜上生长。为此，他们移除了鸡胚胎的视顶盖，并将其切成三部分：前、中、后。他们从这些部分中分别分离出膜，并使用微流体设备把液体流的宽度控制在仅有微米宽，以此在培养基上制造出微型的细胞膜条纹地毯。最后，他们将来自眼睛不同区域的视网膜神经节细胞轴突放置在这些微型细胞膜条纹地毯上。邦霍弗及其同事注意到了视网膜神经节细胞的轴突所做的选择（见图 6.1）。最明显的是来自视网膜颞部（距离鼻部最远的部分）的轴突。颞部视网膜神经节细胞通常将轴突发送到视顶盖的前部，而对于条纹膜地毯，它们更倾向于生长在顶盖前膜，而不是顶盖后膜。这结果自然而然被解释为：与后膜相比，顶盖前膜对这些轴突更具诱导性。然而，邦霍弗及其同事发现，视网膜的颞部轴突并不会特别受到前膜吸引。相反，它们是在排斥后膜中存在的某些蛋白质。当这些排斥蛋白被去除后，轴突在前膜和后膜上均生长良好。邦霍弗及其团队随后使用分子生物化学技术来鉴定这种排斥分子，发现它在视顶盖形成了平滑的梯度，且在顶盖的后极处最强。[6]

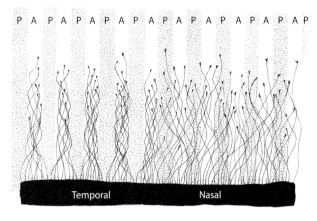

图 6.1　邦霍弗 1987 年的条纹地毯实验

颞部视网膜的轴突避开了视盖的后膜（P），而来自鼻部视网膜的轴突在后膜和前膜（A）上均生长良好。

当邦霍弗及其同事们正在纯化这种排斥分子时，哈佛大学的约翰·弗拉纳根（John Flanagan）实验室正在寻找与一大类"孤儿"受体（称为 Eph）结合的分子。孤儿受体是一种配体尚不明确的受体。弗拉纳根开发了一种聪明的分子策略来寻找这些孤儿受体的未知配体。在一组实验中，弗拉纳根注意到一种配体在视盖中的梯度：在后极处最高，在前极处最低；此外，他还注意到视网膜中这种配体的 Eph 受体有一个匹配的梯度，在颞部最高，在鼻部最低。[7] 结果证明，邦霍弗实验室发现的排斥分子和弗拉纳根发现的 Eph 受体配体是相同的。这种配体被命名为"Ephrin"，而在视网膜中看到的梯度则是与 Ephrin 结合的（不再是孤儿的）Eph 受体。斯佩里的第一个化学亲和分子被发现了！

斯佩里曾假设，视顶盖中两个大致垂直的化学亲和力梯度，对于保存视觉世界的二维地图，将视网膜与视顶盖连接起来是必不可少的。邦霍弗和弗拉纳根的实验室所确定的 Ephrin 仅沿着一条轴工作：从前到后。如果斯佩里是正确的，那么沿着垂直轴还应该存在第二个化学亲和力梯度。确实，在发现 Ephrin（现在被称为"Ephrin-A1"）后不久，人们就发现了其他的 Ephrin，它们与不同的 Eph 受体相匹配。事实证明，其中的 Ephrin-B 及其受体就可以提供沿视顶盖内外轴的垂直梯度。这种基于 Ephrin 和 Eph 垂直梯度的分子拓扑图，将视网膜轴突导向到其在视顶盖中的适当位置，这与斯佩里几十年前提出的化学亲和力假说惊人地一致。事实上，人们现在已经知道，很多不同的 Ephrin 和 Eph 受体参与了神经系统其他区域之间有序连接模式的建立。例如，Ephrin 主要负责在大脑体感通路中创建身体表面图的连接地形模式。发育中的大脑区域用这些配体及其受体模式来标记自己，并以相互分级的排列方式来预示区域之间的突触连接模式。

与视网膜不同，耳朵中的听觉神经元是根据声音频率建立起来的。耳蜗相当于听觉的"视网膜"，它是神经系统中首个接收声音的站点，并根据音高地形图建立：耳蜗底部接收高音，耳蜗顶部接收低音。Ephrin 和 Eph 可以在大脑的某些区域保留这种音高地形图。后脑的其他区域负责处理声音的其他特性。例如，有的区域负责计算声音在两耳之间到达时间的差异。如果一个声音首先到达你的右耳，你找寻声音来源时就会向右看。计算这些时间差异的后脑听觉区域拥有从右到左构建听觉空间地图的信息。后脑还有区域负责计算声音是来自上方还是下方。然后，这些神经元将其输出发送到中脑，以此构建听觉空间地图。同样，Ephrin 及其 Eph 受体也参与了大脑中这些固有空间地图的构建。

细胞黏附

地形图在大脑不同区域之间的连接模式中非常常见，而

Ephrin 和 Eph 的梯度则是确保适当初始映射的好方法。但神经系统的其他区域使用的是不同的策略。例如，在果蝇的幼虫阶段，当它还是一只吃着香蕉的小白蛆时，它的肌肉就不是以简单的地形图方式形成的。它们每个体节两侧都有 30 块不同的肌肉，且每个体节都由一条含有 30 个运动神经元的轴突的体节神经束所支配。由于肌肉以不同的角度相互交叉，神经元位置与肌肉之间的连接不能简单通过 Ephrin 这类分子的平滑梯度确定。在没有地形图的情况下，运动神经元应当如何寻找合适的肌肉？这似乎是一个 30×30 的简单匹配问题，但从理论上说，30 个神经元连接到 30 块肌肉的方法是一个天文数字（30 阶乘——超过 10^{32} 种），每种方法都可以确保每个运动神经元最终只对应一块肌肉，每块肌肉都有自己的运动神经元。然而，在这些方法中，只有一种是正确的。那么这个系统是如何实现运动神经元和肌肉之间的完美匹配呢？这一组合问题的答案恰巧是由不同数量的导向和识别分子不同组合所提供的组合解决方案。导向因子可能具有排斥性或吸引性，它们是将运动神经元轴突带到目标附近的关键。轴突和目标的识别是通过相同类型的细胞黏附分子（CAM）组合来实现的，这些分子在轴突导向中发挥作用（见第 5 章）。在拥有导向信号和某些亲同性 CAM 分子的正确组合前提下，运动神经元和肌肉细胞可以相互匹配。

匹配的亲同性 CAM 组合非常适合作为突触特征性的驱

动力。[8] 想一想简单的膝跳反射。当医生用小橡胶锤敲击膝盖骨下方的肌腱时，正是这种反射导致你做出踢腿的动作。这种敲击会短暂拉伸大腿的股四头肌。作为回应，股四头肌会收缩，导致小幅度的反射性踢腿运动。那么这种反射是如何发育的呢？每条股四头肌在脊髓中都有一组支配运动神经元。每块肌肉也有自己的一组拉伸感觉神经元，将轴突发送到脊髓。每块肌肉的拉伸感觉神经元和运动神经元表达类似的亲同性 CAM 组合，使得任何肌肉的感觉神经元轴突都能在遍布轴突末梢和树突的正在发育的脊髓中找到通往该肌肉运动神经元的树突。这些突触的构造非常精确，当拉伸敏感神经元沿着轴突向脊髓发送信号时，它们会激活支配同一肌肉的运动神经元。如果肌肉稍做拉伸，受体就会做出相应程度的反馈，激活运动神经元使肌肉收缩到原来的长度。这种简单的反射回路让我们可以闭着眼睛站起来，让我们在被推或拿取重物时可以自动调整我们的姿势。

突触连接的特异性不仅反映在神经元与其预期突触伙伴连接，而且由于神经元的功能解剖结构，突触连接可以精确到亚细胞水平。例如，树突的远端部分（离神经元细胞体最远的部分）优先由兴奋性轴突支配，而树突的近端部分（离细胞体更近的部分）则倾向于优先由抑制性轴突支配。在树突底部的抑制信号可以很好地阻止源自树突远端的兴奋信号到达细胞体。有一种抑制性神经元将神经元的基本解剖结构利用到极致，它们在轴突最靠近细胞体的区域建立了突触连接。上述的轴突是小脑中被称为浦肯野（Purkinje）细胞的巨大神经元和旁边的抑制性神经元则是篮细胞（basket cells）。轴突的起始段是阻断神经元输出的最有效部位。浦肯野细胞会产生与篮细胞产生的 CAM 匹配的特定 CAM。然后，浦肯野细胞将这一 CAM 集中在轴突的起点。篮细胞的轴突末梢可以利用这一 CAM 滑动到浦肯野细胞的该位置并形成突触。[9]通过表达亲同性 CAM 组合而相互黏附以获得特异性的逻辑，可以使轴突末梢在最佳匹配的伙伴（或其部分）之间形成具有高度选择性的突触连接。

突触形成

成熟的突触是由三个主要细胞成分组成的功能结构：轴突末梢的突触前部分、目标细胞的突触后部分，以及经常将部分自身包裹在突触周围的神经胶质细胞。大脑中的大部分工作是通过化学突触完成的，这种突触可能是兴奋性的，也可能是抑制性的。在化学突触中，突触前元件充满了微小的球形囊泡，每个囊泡都含有成千上万的神经递质分子。突触后部分则暴露出一层充满这些神经递质分子受体的膜。当神经电脉冲到达突触前部分时，充满神经递质的囊泡与突触前膜融合，并将其储存的神经递质释放到突触间隙（突触前元件和突触后部分之间的小空间）。被释放的神经递质分子通过间隙扩散，并与位于突触后膜上的神经递质受体结合。作为对这种结合的回应，与这些受体相关的离子通道在突触后膜上开放。如果神经递质打开钠或钙选择性通道，结果通常是兴奋性的，而如果神经递质导致突触后细胞的钾或氯通道开放，结果通常是抑制性的。对于大脑的多数兴奋性突触，神经递质是一种被称为谷氨酰胺的氨基酸的衍生物谷氨酸。大脑中含量最丰富的抑制性神经递质是伽马氨基丁酸（也称为GABA），也是谷氨酰胺的代谢衍生物，但还有许多不同的神经递质。例如：多巴胺是大脑奖赏系统中的一种关键神经递质，与帕金森氏症有关；血清素是一种与食欲和睡眠有关的神经递质，它还与情绪障碍（如抑郁症）有关，有时可以通过针对血清素水平的药物进行有效治疗；乙酰胆碱是所有脊椎动物运动神经元用来激活肌肉细胞的神经递质，而被称为重症肌无力的退行性肌肉疾病是一种自身免疫性疾病，患者会产生针对乙酰胆碱受体的抗体……不胜枚举。

突触的形成是一个多步过程，涉及很多成分。突触前侧需要组装用于囊泡产生、填充、按需释放、回收和再填充的分子机械。而在突触后侧，受体需要紧密地组装在支架上，将其固定在适当的位置。突触前和突触后部分之间的突触间隙必须被封闭，这样进入间隙的神经递质才不会扩散得太快。当轴突末梢生长遇到合适的突触伙伴时，它们就会迅速结合，就像组织培养中研究中观察到那样。当运动神经元的轴突接触到肌肉细胞，突触就开始形成，两者通过相应的 CAM 黏附在一起。在接触后的几分钟内，黏附变得更为强烈，当从培养皿的表面提起肌肉细胞时，运动神经元轴突甚至会因为被黏在肌肉细胞上而从培养皿的表面分离。

第一次接触几乎不会产生什么功能，因为此时突触尚未正常工作。随着突触的成熟，信号传递变得更加强大和可靠。下一个被富集到接触位点的是具有突触特异性的 CAM 蛋白，它们的突触前后的胞外部分彼此紧密结合，使两个独立细胞的膜在未来突触位点更紧密地结合在一起。突触特征性 CAM 的胞内部分与蛋白质相互作用，使蛋白质开始组装使突触正常工作的分子机制。在突触的建立中，各种因素就像两个主要参与者之间交换的通信信号一样，确保成熟突触能够正确构建所有的基本组件。建立完美的突触关系需要突触前和突触后伙伴之间的双向对话。例如，突触前末梢释放分子会刺激突触后膜产生与突触前释放位点相对的神经递质受体。第一个被发现的分子被称为"集聚蛋白"，因为它能够在突触前末梢正对的肌肉细胞膜上集聚乙酰胆碱的受体。自此以后，科学家们在神经系统中发现了许多与构建突触有关的其他分子。有些分子从相反方向（从后到前）刺激与突触后位点相对的突触前机制的形成。[10]

1974 年，加利福尼亚州希望城国家医疗中心的詹姆斯·沃恩（James Vaughn）及其同事开始研究小鼠胚胎脊髓中突触的形成机理。他们观察了数以千计的高倍率电子显微镜图像记录的不同发育阶段的突触。沃恩及其同事在图像中看到，新突触大多是在树突末梢形成的。事实上，在胚胎发育的早期阶段，大多数突触都位于这些正在生长的末梢，但随着时间的推移，大多数突触转移到了树突轴上。根据这些静态图像，沃恩得以设想一个动态的时间序列。[11] 首先，在树突分支末梢形成新的突触。随着这些突触逐渐成熟，它们会变得更加稳定，有助于推动树突继续前进。随着树突继续生长并在其顶端形成新的突触，它会在其身后留下一条突触成熟的轨迹（见图6.2）。

因此，成功完成突触形成的早期步骤对于树突的特征生长至关重要。如果突触形成被突触构建蛋白的突变所破坏，突触就无法正常形成，神经元的树突也就无法继续正常生长。延时成像显示，轴突末梢和树突的发育过程非常动态化。它们不断地伸展和收缩小小的分支。那些开始制造新突触的分支首先变得稳定，而那些找不到突触前伙伴的分支通常会在几分钟内收回。这说明，找到突触伙伴并存活下来的小分支和那些找不到伙伴并被收回的小分支之间可能存在着竞争关系。不久前，斯坦福大学骆立群实验室的小鼠胚胎小脑实验证明了这一过程中的竞争因素。[12] 实验小鼠的小脑中有两种浦肯野细胞，其中一种具有功能性突触形成蛋白，而另一种则没有。结果令人惊奇：不能形成突触的浦肯野细胞树突又短又粗，而可形成突触的细胞树突变得比正常情况大得多，似乎吞并了本该在相邻细胞上形成的突触。

新突触倾向于在发育树突的末梢形成，用于稳定这些树突，并使其在此处继续生长或分支。突触沿着延伸的树突轴逐渐成熟。

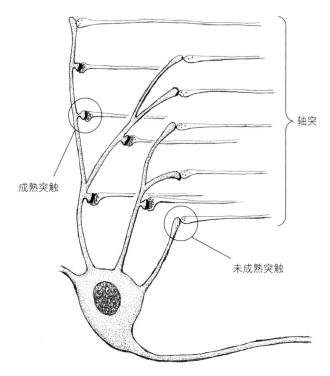

图 6.2　年轻神经元的成熟树突

神经胶质细胞的参与

最初关于突触形成的想法和研究只涉及两个细胞，突触前细胞和突触后细胞，但这些想法随着科学家认识到神经胶质细胞在突触形成中发挥的关键作用而变得多元起来。斯坦福大学的本·巴雷斯（Ben Barres）及其同事发现，在没有神经胶质细胞的情况下培养神经元，产生的突触要少得多，而且形成的突触也不够成熟，无法正常工作。[13] 神经胶质细胞黏附在正在形成的突触上并分泌刺激其发育的因子。巴雷斯及其同事利用巧妙的方法确定了其中的几个因子。在缺少一种被称为"凝血栓蛋白"（以其在血管系统中的作用更为人所知）的神经胶质衍生因子的情况下，突触虽然好像能够正常形成，在显微镜下看起来也很正常，但它们仍然没有活性，因为凝血栓蛋白是将神经递质受体进入突触后细胞膜所必需的因子。

巴雷斯还发现，在阿尔茨海默氏症和其他神经退行性疾病的病理过程中，神经胶质细胞是活跃的参与者。在他的职业生涯中，巴雷斯的众多发现提升了神经胶质细胞作为大脑发育和退化活跃成分的地位。他不仅是证明神经胶质细胞在神经发育中各类作用的关键人物，而且在另一领域也举足轻重。他在 2013 年当选为首位跨性别美国国家科学院院士。他的回忆录《一位跨性别科学家的自传》详细描述了他非凡的人生故事。[14] 他的原名是芭芭拉·巴雷斯（Barbara Barres，其职业生涯早期文献以此名签署），从小就对数学和科学感兴趣。20 世纪 70 年代，当他还是麻省理工学院的一名学生时，巴雷斯解决了一道困扰全班同学的数学难题。但荣耀是短暂的，因为他的教授指责巴雷斯作弊，认为肯定是其"男朋友"解决了这个问题。1997 年，在斯坦福大学任教期间，巴雷斯变性为男性，直到那时，他才清楚地意识到，在他之前的职业生涯中，他遭受了多少歧视。他惊讶地发现，他有生以来第一次能够在"不被男人打断"的情况下说完一句话。2008 年，他成为斯坦福大学的神经生物学系主任，并一直担任这一职位，直到 2017 年他英年早逝。

现在我们应该好好思考一下，在发育中的大脑形成突触之前，从电兴奋和突触传递的意义上来说，神经通信与大脑的形成几乎没有关系。神经元数量众多，它们已经分化成数千种不同的细胞类型，它们的轴突在大脑中穿行，找到目标区域，在合适的地方形成分支，找到突触后伙伴，并与其建立突触。然而，即使在对实验室动物进行的实验中也可以明显发现，当神经活动在发育过程中被压制时，大脑发育出奇地正常。[15] 即使婴儿大脑产生了可能影响神经活动的突变，这些大脑看起来也相当正常，但当这些婴儿出生时，他们很可能患有癫痫或死亡。令人费解的是，大脑的多数部分根据发育机制构建，而这些发育机制与功能正常的大脑用来完成工作的主要通信系统完全不同。但我们可以再想一想，还有什么其他选择吗？突触的建立标志着大脑发育的巨大转折点，神经元现在可以开始相互交流，使大脑发育进入了全新的阶段。在此之前，大脑发育一直是一项建设任务，但正如我们不久将看到的，当突触建立之后，这种建设将转为拆除。

抉择

大量发育中的神经元相互竞争，以形成有效突触，而那些失败的神经元则会自我消亡。

神经元的死亡

人类大脑中的神经元数量在我们出生时就已经开始减少，因为许多神经元正在死亡，而新生的神经元很少。在大脑皮质，神经元在出生后的最初几年损失最大；但在大脑的许多其他区域，这种损失在出生前就已经发生了。虽然不同类型神经元的存活率差异很大，但在最初产生的所有神经元中，大约有一半能存活到我们的童年。为什么要用这种方式来建造大脑呢？为什么不在一开始就只形成正确数量和种类的神经元呢？一个工程师在制造计算机的时候，难道他会仔细地安装许多微处理器，把它们都连接起来，然后再拆掉一半吗？在我看来，大脑的建造方式更像是米开朗基罗展示隐藏在大理石中的大卫的方式，也就是凿掉多余石头的过程；或者，建造大脑就像写一本书，写下大量的词句，但其中的很多都不会留在最终的正式手稿中；又或者像是曲棍球教练通过让球员尝试的不同位置来组建一支球队。但在决定哪个神经元能通过大脑发育的试炼的过程中，并没有什么工程师、雕塑家、作家和教练，神经元通过彼此之间的生死竞争来决定哪些神经元可以加入大脑团队。

细胞死亡并不是神经系统独有的特征，而是塑造了我们所有器官的发育。这是构建生物结构的标准操作步骤：细胞死亡移除了最初连接手指的网状结构来塑造我们的手指；或是移除了连接上下眼皮的细胞使我们能够睁开眼睛，它还负责塑造我们的免疫系统、骨骼、肠道、心脏和大脑。[1]

细胞死亡发生在所有研究动物的神经系统中。正如西德尼·布伦纳（Sydney Brenner）、约翰·苏斯顿（John Sulston）和罗伯特·霍维茨（Robert Horvitz）在研究动物细胞谱系时所发现的，即使是秀丽隐杆线虫这种仅由 959 个细胞组成的小型土壤线虫，其发育过程中也会产生 1090 个细胞。[2] 他们发现，某些细胞注定会死亡（确切地说，是其中 131 个细胞），其中有许多属于神经系统细胞。在这 131 个细胞中，大多数细胞在出生后不久就会死亡。它们的死亡是注定的！神经元的死亡也是飞蛾和蝴蝶等昆虫神经系统变态期的一部分，在昆虫的神经系统中，许多在毛虫阶段发挥重要作用的神经元在飞行阶段不再具有功能。青蛙也会经历显著的变态期。作为蝌蚪，它们有一条用来游泳的尾巴，其脊髓中有一种用于游泳的感觉神经元，名为"Rohon-Beard 神经元"。当它们的尾巴被吸收后，Rohon-Beard 神经元死亡，它们开始转而使用自己的腿来游泳。昆虫和青蛙的变态是由激素驱动的，在这些关键时刻，高水平的变态激素导致了这些神经元的死亡。虽然人类没有昆虫和青蛙那样的变态期，但在发育过程中，我们的身体和大脑也会发生显著变化。

我们可以合理推测，在建造房屋时，一种明智的做法是准备比实际所需更多的材料，以防止部分材料发生损坏。人们还可能需要先建造临时结构（如搭建脚手架）然后再将其拆除。神经系统也是如此：上层有一些早期的临时性神经元（例如释放络丝蛋白的神经元，参见第 3 章），还有一些位于正在形成的大脑皮质正下方，这些早期神经元在大脑皮质各层细胞之间提供短暂的连接，直到各层神经元足够成熟，可以建立它们自己的连接。[3] 就像在事后拆除脚手架一样，当大脑皮质构建完成后，这些细胞就会被移除。然而，由于这种程序导致的大脑细胞死亡只占神经元死亡的一小部分。正如我们将看到的，大多数神经元的死亡都是激烈竞争的结果。

细胞死亡与系统匹配

维克多·汉堡（Viktor Hamburger）和丽塔·利维 – 蒙塔西尼（Rita Levi-Montalcini）首次了解到大脑及其不同区域如何产生适当数量的神经元。汉堡是汉斯·斯佩曼（以发现神经诱导而闻名，见第 1 章）的学生，他想知道，为什么大肌肉比小肌肉有更多的控制运动神经元。一开始，他用鸡胚胎做了一些实验，以研究这种比例匹配背后的机制，但他却因为犹太人的身份失去了在弗里伯格大学的工作。后来，他移民到美国，在芝加哥大学获得了一个职位。汉堡开始继续他在德国所做的实验，对鸡胚胎进行了显微手术。他打开鸡蛋，移除了胚胎的一个微小肢芽，然后重新密封鸡蛋。汉堡观察了从这种鸡蛋孵化出来的只有一条腿或一只翅膀的鸡脊髓，他发现，在缺失腿或翅膀一侧的脊髓运动神经元数量急剧减少。汉堡认为，肢芽的移除可能消除了刺激运动神经元增殖的诱导信号。[4]

当汉堡在芝加哥探索这一现象的同时，意大利都灵的另一位科学家丽塔·利维 – 蒙塔西尼也想要通过实验方法来了解神经的发育。此外，和汉堡一样，她也因为犹太人身份而被迫辞去了大学的职位。利维 – 蒙塔西尼对她的工作充满热情，她继续在都灵的家里的卧室中做实验。她被汉堡的论文所吸引，后来她不仅证实了汉堡关于肢芽的实验结果，而且通过在相关发育时期对脊髓的详细观察得出结论：手术一侧运动神经元数量的减少是由于细胞的死亡。[5] 战争结束后，汉堡阅读了利维－蒙塔西尼的论文，并邀请她加入其位于圣路易斯市华盛顿大学的新实验室，以便一起更深入地探索神经元死亡和系统匹配的机理。细胞的死亡并不容易观察到，因为过程转瞬即逝。我们现在知道，当神经元死亡后，它们就会迅速被其他细胞吞噬，通常在几分钟内就会消失得无影无踪。因此，利维－蒙塔西尼数了一下正常鸡胚胎发育过程各个阶段的运动神经元总数。她和汉堡惊讶但兴奋地发现，鸡脊髓中的运动神经元在鸡蛋孵化的第 5 天左右全部形成，但在接下来的 5 天里，它们的数量逐渐减少。[6]

正常鸡胚胎中的运动神经元也会自然死亡，再加上神经元的存活似乎取决于目标，揭示了神经系统发育选择其运动神经元团队成员的方式。在任何肌肉中，肌肉细胞只足够容纳大约一半的传入运动神经元存活下来，所以运动神经元会为生存而竞争。汉堡及其同事通过将额外的肢芽移植到鸡胚胎上来检验这一假设。这样孵化出来的鸡有三条腿，一边有两条，另一边有一条。只有一条腿的一侧具有正常数量的运动神经元，而多出一条腿的一侧则具有过多的运动神经元。这并不是因为形成了额外的运动神经元，而是因为死亡的神经元更少。[7]

这些实验表明，为了使运动神经元总数与这些神经元所支配的肌肉相匹配，首先会形成过量的运动神经元，然后去除多余的运动神经元，只留下适当数量的运动神经元。如果有更多的肌肉细胞与之形成突触，就会有更多的运动神经元存活下来。这种影响可以渗透到发育中的神经系统，以调节不同类型神经元的数量。例如，存活运动神经元的数量可能会影响突触前神经元群体的大小。汉堡和利维－蒙塔西尼关于细胞死亡与系统匹配的早期研究得到了许多近期研究的支持，这些研究在神经系统的其他区域发现了类似的情况。取决于目标的神经元存活是大脑发育的普遍特征。

神经营养因子

汉堡和利维－蒙塔西尼想知道肌肉细胞是怎样让运动神经元存活的。他们考虑了目标细胞为其神经细胞提供生存因子的可能性。例如，他们认为，这种生存因子可能是数量有限的，只能养活一半的神经细胞。但这种生存因子真的存在吗？细胞生物学家寻找这种因子的一种方法是测试各种细胞系，看看是否有任何细胞可以分泌他们正在寻找的因子。因此，他们将各种细胞系注射到鸡胚胎的肢芽中，其中的人类肉瘤细胞系对感觉神经元产生了巨大的影响。它阻止了细胞的死亡，使所有感觉神经元都存活了下来，它还刺激了这些神经元的快速生长。在细胞生物学中这种现象被定义为"营养"（源自希腊语，意为"滋养"）效果。汉堡和利维 – 蒙塔西尼将这一活性成分命名为"神经生长因子"（NGF）。[8] 首个被发现的神经生长因子 NGF，其最终纯化是由利维·蒙塔西尼和同在华盛顿大学的生物化学家斯坦利 – 科恩（Stanley Cohen）合作完成的。[9] 他们因这项工作共同获得了 1986 年的诺贝尔奖。但很多人认为维克多·汉堡也应获得这一奖项。[10]

自被发现以来，人们针对神经生长因子做了大量的研究工作。它是一种多肽（即一小段氨基酸片段），对感觉神经元和交感神经系统神经元的存活至关重要。如果这些神经元被放入没有神经生长因子的培养皿中，它们很快就会死亡。神经生长因子受体位于依赖其的神经元轴突末梢。当神经生长因子从目标细胞中释放出来后，它会与这些受体结合。然后，与神经生长因子结合的受体被内化，沿着轴突运送回细胞体，向细胞核发送关键信息："活下去！继续生长！"如果这样的信息足够多，细胞就会存活并生长。如果激活的受体不足，神经元就会收回其轴突并死亡。

在对神经生长因子的早期研究中，最令人惊奇的发现是，虽然运动神经元的数量与感觉神经元一样会受到肢芽切除或增加的影响，但神经生长因子似乎对运动神经元的存活没有任何影响。这使得科学家开始继续寻找其他的神经营养因子。果不其然，其他的营养因子被发现了。虽然每种神经营养因子都会明显影响到某些类型的神经元，但有很多神经元依赖于不止一种神经营养因子。例如，视网膜神经节细胞依赖于三种不同的神经营养因子，以此调节其存活及其轴突或树突生长的不同方面；运动神经元依赖于至少两种不同于神经生长因子的营养因子组合，而且其中一种尚未被识别。

神经营养因子具有保持神经元存活和刺激其生长的潜力，使其成为治疗多种神经退行性疾病及脑部和脊髓损伤的出色候选者。对神经营养因子的医学研究非常活跃，我们对其作用机制的了解也取得了很大进展。然而，将这些研究转化为针对人类的有效疗法仍然存在一定的困难，这在很大程度上是因为血脑屏障会阻止注入血液中的蛋白质和多肽（如神经营养因子）进入需要它们的脑细胞。

细胞凋亡

缺乏神经营养因子的神经元不会平静地死亡。它们通过消化自己的蛋白质和咀嚼自己的 DNA 来自杀，这种现象在细胞生物学中被称为"细胞凋亡"（源自希腊语，意为"脱落"）。细胞凋亡是一个主动过程，需要细胞制造并参与摧毁细胞的机制。

罗伯特·霍维茨及其同事在对秀丽隐杆线虫的研究中发现了细胞死亡突变体，在这些突变体中，那 131 个本来应当在出生后不久死亡的细胞都存活了下来。[11] 在这 131 个细胞中，许多细胞是功能神经元细胞的姐妹细胞，如果它们像在细胞死亡突变体中那样存活下来，它们就会成为"僵尸"神经元。其中一些僵尸神经元与其姐妹神经元有着相同的命运，另一些则发育异常，形成奇怪的突触连接，对神经功能产生负面影响。如果果蝇的神经细胞死亡被阻止，果蝇会在本该飞行的阶段像幼虫那样蠕动，但大多数无法存活到孵化阶段。

这些突变体中的缺陷基因揭示了细胞凋亡的触发机制。这些"细胞凋亡"基因所产生的蛋白质激活了细胞死亡通路，这可以类比为开枪的动作。扣动扳机会释放一把弹簧锤，击打炮弹的后部，导致火药爆炸。细胞死亡蛋白以级联方式排列，第一个激活第二个，第二个激活第三个，以此类推。而最后一步，也就是激活消化酶，这是杀死细胞的爆炸性步骤，然后一切烟消云散。那么问题随之而来：究竟是什么导致细胞扣动扳机，为其带来不可避免的死亡？

伦敦 MRC 分子生物学实验室的科学家马丁·拉夫（Martin Raf）发现了神经营养因子的获得性与细胞凋亡之间的联系。[12] 在脊椎动物神经系统中，细胞凋亡是没有获得足够神经营养因子的结果。拉夫认为，每个发育中的神经元都处于凋亡的边缘，就像用枪指着自己的头。可以这么说，如果它得不到足够的神经营养因子，它的手指就会扣动扳机。无论是由基于谱系的程序、还是神经营养因子缺失而被激活，线虫的细胞死亡通路基本与人类相同，它使用相同的分子成分

（细胞死亡通路基因产物）作为触发机制。

　　细胞凋亡是许多神经退行性疾病的关键：病变的细胞死亡通路被激活。细胞凋亡也是许多癌症（例如淋巴瘤）发生的关键：细胞死亡通路未能被激活，使得异常细胞无法正常死亡。很多情况都会引发细胞凋亡，比如神经营养因子不足。为此细胞使用各种安全机制来保护自己免受意外启动触发机制的影响。因此，了解并控制细胞凋亡具有重大的临床意义。由于细胞凋亡来自古老的进化过程，在所有动物细胞中的作用机理基本相同，阻断凋亡通路的药物可能会挽救一些细胞，但也会让其他细胞数量过多；而激活凋亡通路可能有助于杀死癌细胞，但也会杀死对生存至关重要的细胞。控制细胞凋亡通路的不同药理学方法的研究和临床试验仍在继续。

活动与死亡

　　对神经营养因子的争夺只是神经元为了生存而必须赢得的战斗之一。除与目标细胞建立输出突触外，神经元还需要成功地与其支配的细胞建立突触。20 世纪 40 年代，在与维克多·汉堡一起工作之前，丽塔·利维－蒙塔西尼在自己卧室实验室里所做的一些实验表明，耳朵对于与听觉神经直接连接的神经元的生存至关重要。[13] 随后针对不同大脑区域的实验表明，接受突触输入对于许多类型的神经元的生存也至关重要。但在这种情况下，突触前细胞提供的通常不是神经营养因子，而仅仅是电活动。就像对肌肉进行人工电刺激可以抵消肌肉萎缩一样，通过植入电极对神经元进行人工电刺激，似乎对通过实验去除输入的神经元也具有挽救或保护作用。直接电刺激在治疗帕金森氏病患者方面也取得了巨大的成功，这种电刺激的积极效果也在阿尔茨海默氏症和其他痴呆症治疗中得到了体现。[14]

大脑中兴奋和抑制之间的微妙平衡突出了利用活动调节神经存活的重要性。几乎所有的大脑神经元都接收一部分兴奋性和一部分抑制性输入，神经元必须对调整平衡，使大脑既不太活跃也不太安静。兴奋性神经元和抑制性神经元的适当比例对于这种平衡至关重要。在人类大脑发育过程中，兴奋和抑制之间的病理性失衡被认为是几种癫痫和自闭症谱系障碍产生的根本原因。

在正常发育过程中，一些抑制性神经元迁移到大脑皮质。这些神经元的存活依赖于它们从其他皮质神经元接受的有效兴奋性输入。但这也创造了一个反馈回路，因为这些抑制性神经元会抑制刺激它们的神经元，而其存活又依赖于这些神经元的活动。因此，兴奋性活动的减少会限制抑制性神经元的存活，而随着皮质活动总量的下降，最终会达到一个阈值，其活性仅够维持剩余的抑制性神经元，而这些神经元如果死亡，则会导致兴奋性出现反弹。这种类似恒温器的反馈机

制 [15] 设定了大脑皮层神经元活动的正常水平，这种机制在自我调节细胞自杀的基础上起作用。那些没有得到足够兴奋性刺激的抑制性神经元会走向凋亡。

在细胞大量死亡之后，存活下来的神经元（那些晋级并加入大脑团队的神经元）似乎不再依赖突触连接。我们可以回顾丽塔·利维 - 蒙塔西尼有关移除发育中耳朵的早期工作，她发现，鸡胚胎大脑中听觉神经元的死亡发生在发育的第10天（大约是发育期的一半），此时神经元开始从听神经中得到神经支配。然而，如果在几天后移除耳朵，神经元并不会死亡。因此，这应当是一个关键时期。这一时期，神经元发现它们已经接收并维持了足够的有效连接，并且应该存活下来。也许一旦神经系统清除了所有不必要的神经元，它就会努力保持所有剩余的神经元存活，因为它们永远不会被取代。

出生标志着大脑发育期的开始，这是大多数人最感兴趣的环节，但它却是这个故事的尾声。这个故事跟随着大脑中的神经元，它们最初是原肠胚胎中的一千多个神经干细胞。我们看到它们不断繁殖，变成了大脑中各种各样的信息处理单元。在本章中，我们见证了大脑发育的阶段，许多神经元在这一阶段被消除。一些神经元已经完成了它们的工作，现在已经不再需要，但大多数神经元的死亡似乎是因为它们必须为生存而竞争，以成为大脑团队的终身成员。没能成功晋级的神经元会通过凋亡（类似自杀的自我消化过程）来消除自己，而大多数成功晋级的神经元将一直存活下去。但是，仅仅是在大扫除中幸存下来，并不意味着神经元的发育已经完成，因为就突触水平来看，大脑仍然处于过度连接状态。重要的细化期即将开始。

8

细化期

在出生前后的关键时期，同步的电活动被用于细化完善大脑中的突触网络。

修剪大脑

虽然出生后大脑中的神经元数量在减少，但突触的数量却在增加。在微观层面上，我们可以想象树突和轴突的分支相互缠绕在一起，形成新的突触填充任何空间。直到大约四岁，人类大脑皮质中的突触数量持续上升，随后开始下降。随着轴突和树突停止生长，新的突触越来越少，神经元之间的许多现有突触也被消除，极大地细化了大脑的线路图。在神经发育的这一时期，大脑对其回路进行重大调整，并开始自我微调。

随着突触的形成，大脑开始兴奋起来，这表明连接过程基本是成功的，甚至有人会认为"过于成功"。大多数目标细胞的突触输入似乎多于它们所需要的输入。例如，我们可以想想运动神经元和肌肉细胞之间的突触。在我们出生后的身体里，每个肌肉纤维都由一个运动神经元支配。但最初，每个肌肉纤维都是由多个神经支配的（它会与多达五个不同的运动神经元形成突触）。在这种情况下，应当如何实现细化？世界上最有效的蛇毒素之一，是从中国台湾多条带海蛇中提取 α- 银环蛇毒素，它可以帮助回答这个问题。如果一条多条带海蛇咬到了你，它会注射毒素，而毒素会进入运动神经元和肌肉细胞之间的突触间隙。它与那里的乙酰胆碱受体紧密结合，使其不能响应运动神经元释放的乙酰胆碱。肌肉（包括膈肌）不再对神经刺激做出反应——你想要移动和呼吸，但你却做不到。

发育神经科学的一个关键问题是，阻断突触传递是否会对突触的形成有任何影响？α- 银环蛇毒素提供了在运动神经元和肌肉细胞之间的突触上进行实验的方法。在早期实验中，让突触细化期的鸡胚胎接触这种毒素，然后将这些不能动的胚胎的运动神经元和肌肉细胞之间的突触与对照胚胎进行比较。接触过毒素的胚胎形成的突触，其解剖结构看起来很正常，甚至在电子显微镜中也是如此。然而，对在 α- 银环蛇毒素环境下生长的肌肉进行的生理和解剖学研究表明，其肌肉纤维仍然处于多神经支配状态。这些实验表明，突触功能对于突触消除至关重要。[1]

　　突触活动如何消除每个肌肉纤维中多余的运动神经元呢？规则似乎是："保留最有效的。"事实上，对由两个运动神经元支配的单个肌肉细胞进行的实验表明，一个轴突的激活会加强其突触，但也会牺牲未激活轴突的突触。更活跃、更有效的突触每次在肌肉中引起反应时都会得到奖励，它会因此生长并占领更多地盘，而肌肉似乎会惩罚那些没有帮助其激活的突触。这样，较弱的突触被移除，每个肌肉细胞上只剩下一个运动神经元轴突末梢（见图 8）。这些奖惩信号的分子性质目前尚未可知。

　　和肌肉细胞一样，在一开始，大脑中有很多神经元与过多的突触前细胞形成了过多的突触。这一阶段的大脑处于一种"过度连接"的状态。大脑神经元也会像肌肉细胞一样经历由活动模式驱动的突触消除过程，这一过程可以消除那些未能有效工作的突触。对于突触前或突触后细胞，突触消除通常会导致轴突或树突整个分支的清除，这就像是园艺中的"修剪"一样，最有效突触的分支被保留下来，而战败的较弱分支则被神经胶质细胞修剪和吞噬掉。最终，每个轴突往往比开始时拥有更多的突触区域，但集中于更少的突触后树突。突触消除的分子机制仍被积极研究中，由于突触缺失是阿尔茨海默氏症和其他神经退行性疾病的致病关键，这种机制可能在其中起到一定作用。

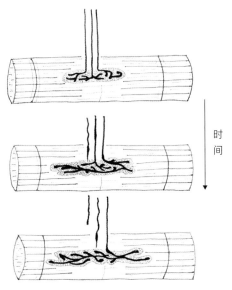

時間

图 8　突触消除过程的三个时间点

　　三个运动神经元最初与肌肉纤维形成突触（图 8 上图）。肌肉纤维是巨大的圆柱形结构，三个运动神经元的轴突向下延伸到肌肉中，在肌肉斑点区域形成突触的地方增厚。在中图中，这些轴突之一（最左侧）形成的突触连接被消除。下图中，由第二个运动神经元（中心）形成的突触连接也被消除，仅留下最右侧的轴突支配肌肉纤维（图 8 下图）。

关键期

　　1981 年，大卫·胡贝尔（David Hubel）和托尔斯滕·威塞尔（Torsten Wiesel）因其在视觉皮质方面的惊人发现而被授予诺贝尔奖。[2] 他们首先在约翰·霍普金斯大学工作，然后转到哈佛大学，探索了视觉皮质单个神经元对刺激的反应方式。他们早期的重大发现之一，就是在这样具有前视眼的哺乳动物中，视觉皮质中的大多数神经元具有双眼性，这意味着它们可以对来自某一只或两只眼睛的视觉刺激做出反应。然而，进入大脑皮质的轴突并不具有双眼性，它们是单眼性的：每个轴突只会对一只眼睛发出的视觉信号做出反应，而且它的活动不会受到另一只眼睛的影响。胡贝尔和威塞尔对视觉体验如何影响视觉皮质很感兴趣，于是他们做了一个简单但意义深远的实验。他们在小猫出生后不久就缝合了它的右眼皮，然后，当小猫长到三个月大的时候，他们拆开了缝线，使小猫的两只眼睛完全睁开。然后又过了一年，等小猫成年后，胡贝尔和威塞尔记录了在这短暂的早期单眼视觉剥夺中，这些动物视觉皮质中的神经元发育情况。结果令人震惊。视觉皮质中的多数神经元只对左眼的视觉刺激有反应。事实上，在这些被剥夺视觉的小猫脑中，几乎所有的神经元都由左眼控制。胡贝尔和威塞尔给一只成年猫的左眼蒙上一块布，看看它是否能用被剥夺视觉的右眼认路。但它的右眼看起来像是瞎了，它撞到了墙上，还从平台上掉了下来。与早期视觉剥夺的效果完全不同，成年后的视觉剥夺对视觉皮质没有显著影响。胡贝尔和威塞尔将成年猫的右眼皮缝上一年多时间，但它们的视觉皮质并没有明显变化。等眼睛睁开后，视觉皮质就可以再次得到信号，其神经元也和以前一样反应灵敏并具有双眼性，且被剥夺视觉的眼睛也是正常的。如果视觉剥夺要对猫的视觉皮质产生重大影响，它必须在出生后的头三个月——这段时间对猫视觉皮质的发育至关重要。胡贝尔和威塞尔还发现，当小猫刚出生时，其视觉皮质中的多数神经元已经具有双眼性，可对来自任何一只眼睛的视觉刺激做出反应。这表明，在这一关键时期，视觉皮质中缺少了失明眼睛的连接，而那些为正常眼睛服务的连接则保持并扩张。他们的结论是，被剥夺视觉的小猫出现的生理缺陷代表着出生时的连接中断。

我们人类有这样一个视觉皮质发育的关键时期吗？当然有。事实上，胡贝尔和威塞尔关于视觉剥夺的研究灵感来自临床观察，即患有先天性白内障的儿童即使在成年后恢复了清晰视力，也可能有永久性的视力缺陷。同样，如果孩子有一只眼睛无法正常聚焦，他们通常会患上所谓的"弱视眼"，这种眼睛在视觉上没起太大作用。弱视眼有时可以通过配戴矫正眼镜来治愈。早期治疗效果最好，但如果在孩子八岁左右才开始治疗，那就太晚了——视觉皮质将永久地被非弱视眼所支配。

大脑的其他感官或功能是否也存在关键期或敏感期？同样，答案是肯定的。动物和人类的各种认知功能似乎都存在关键期。有关敏感期的一个例子是对谷仓猫头鹰进行的声音准确定位实验。[3] 我们知道，即使在完全黑暗的情况下，谷仓猫头鹰也能够通过跟踪猎物的声音来定位猎物（例如田鼠）。在类似于视觉剥夺的实验中，斯坦福大学的埃里克·克努森（Eric Knudsen）堵住了幼年谷仓猫头鹰的一只耳朵。这导致这些猫头鹰在黑暗中定位声音的来源时出现错误。然而，在短短几天的时间里，大脑中听觉空间的表征就进行了重新调整，它们重新获得了在黑暗中准确打击猎物的能力。如果在猫头鹰两个月大之前拔掉耳塞，它们就可以迅速适应，但如果在猫头鹰两个月大之后再拔掉耳塞，恢复过程就会非常漫长。

关键期的最著名案例来自行为学领域的创始人之一康拉德·洛伦茨（Konrad Lorenz，1903—1989）。洛伦茨观察到，灰雁在孵化后的短短数小时内会对它们看到的第一个移动物体形成稳定的依恋。[4] 这就是所谓的印刻现象。当印刻时期结束后，它们对印刻刺激的偏好仍然非常强烈——刚出生时对洛伦茨产生印刻的幼雁仍然倾向于跟随他而不是它们自己的母亲。斑马雀的雏鸟会对它们的母亲产生印刻；但如果它们是由另一物种养母（比如孟加拉雀）抚养长大的，它们长大后就会向那个物种求爱，不论它们看到多少只性感的斑马雀。[5] 斑马雀宝宝和其他鸣禽一样，也会对它们父亲的歌声产生印刻。学习和记忆歌声首先发生在发育早期的一个有限时期。如果雄鸟在幼年时期听不到父亲的歌声或相似的歌声，它们就永远无法学会如何正确歌唱。第二个关键期是鸟儿成长到可以大声练习歌唱的时候，如果在这段时间，鸟儿听不到自己的歌声，那么它也永远无法学会正确的歌声。这听起来有点像人类对语言的学习（详见第 9 章）。

同步性

在胡贝尔和威塞尔的视觉剥夺实验中，最令人惊讶的是，他们发现了一个竞争性的驱动过程。在看到被剥夺视觉的眼睛缺失连接之后，胡贝尔和威塞尔认为这可能和"用进废退"有关。他们预计，如果在关键期缝合小猫的两只眼睛，可能会损害到双眼的突触连接。然而，当他们发现如果小猫的双眼在整个关键期都被缝合时，视觉皮质中的大多数细胞能够继续对两只眼睛做出反应，这让他们感到有点困惑。小猫的双眼视力似乎都是正常的！如果两只眼睛都处于同样的不利地位，那它们就无法分出胜负；它们都能维持与大脑皮质中的突触后神经元的连接。活动的不平衡似乎可以造就输家和赢家，那些更活跃的且成功驱动突触后伙伴的突触成为赢家，并接管以前由输家控制的突触区域。

下一个问题是：如果两只眼睛都能正常工作，却从来没有一起工作过会怎么样？为了回答这个问题，胡贝尔和威塞尔给小猫的一只眼睛蒙上了一块布，然后第二天换另一只眼睛，在关键期每天交替观察眼睛，使两只眼睛都有类似数量的视觉刺激，但从未同时看到过相同的图像。他们再次对小猫视觉皮质中数百个神经元的活动模式进行了采样分析。他们发现，在这种情况下，视觉皮质中一半的神经元只对一只眼睛的输入信号做出反应，另一半则响应另一只眼睛的输入信号，而没有具双眼性的神经元。这有点类似于人类被称为斜视的情况，即两只眼睛无法准确对焦。如果婴儿患有斜视，并且在幼儿时期没能纠正视力，结果会导致双眼神经元永久性丧失，从而导致双眼深度知觉的丧失。从这些实验中得出的结论很简单，如果要让视觉皮质神经元在关键期保持双眼性，两只眼睛必须同时看到相同的事物。

接受同步活动神经元输入的皮质细胞并不会区分来自赢家和输家的输入：它们会保留两组连接，并保持双眼性。这些结果在许多方面都类似于上文描述的肌肉细胞细化神经的策略结果。就像缝合双眼一样，如果运动神经元到肌肉细胞的输入在实验中被 α- 银环蛇毒素沉默，多神经支配的状态就可以维持。如果在实验中同步支配肌肉细胞的运动神经元活动，那么肌肉细胞也会保持多神经支配，这与在保持双眼性的关键期使两只眼睛同时睁开时视觉皮层发生的情况相似。同步性是关键。

麦吉尔大学的神经心理学家唐纳德·赫布（Donald Hebb，

1904—1985）首先提出了神经同步的概念，以及如何利用其改变突触连接强度。赫布对突触学习理论很感兴趣，他提出了现在为人所熟知的赫布规则，也就是："当 A 细胞的轴突距离足够接近到可以刺激 B 细胞，并反复或持续地激活 B 细胞时，其中一个细胞或这两个细胞会经历某种发育过程或代谢变化，从而使 A 细胞激发 B 细胞的效率提高。"[6] 赫布规则可以大致理解为"一起激活的细胞会连接在一起"，但它更加微妙之处是：只有当 A 细胞的激活对 B 细胞非常重要时，才会导致突触的增强。一个突触的增强往往会导致另一个突触的减弱，因此，赫布规则的推论是，未参与突触后细胞激活的突触会被削弱。这一推论可以理解为"要么保持同步，要么失去连接"。考虑到这一点后，我们现在回到胡贝尔和威塞尔的实验。想象两个细胞，神经元 L 和神经元 R（分别指左右）。R 和 L 都与视觉皮层中的神经元 V 形成突触。如果 L 能比 R 更好地激活 V，则 L 的连接会被加强，而 R 的连接则被削弱。但如果 L 和 R 同时看到相同的事物，它们的输入信号将同时到达 V，两个突触将保持平衡并均被保留。赫布规则及其推论似乎为解释视觉剥夺干扰实验的结果提供了良好理论基础，这些实验确定了通过突触消除来细化视觉皮质中突触连接以及肌肉细胞神经支配的关键期。

子宫内的测试模式

人类神经系统中的第一个突触在出生前很长时间就在脊髓中形成，也就是在怀孕五周时。然后，在怀孕早期和中期，脊椎回路开始细化。接下来，在怀孕中期和晚期，后脑和中脑的回路开始建立和完善。前脑（特别是大脑皮质）是最后进行发育和细化的，基本发生在出生以后。只有感知到子宫外的世界，大脑皮质的发育才能有效与外部世界的特定特征相协调。婴儿的大脑可能已经准备好了解母亲的面容，但只有当婴儿睁开眼睛看到她，婴儿才能获得有关母亲具体面孔的详细信息。现实世界中的视觉信号无法到达胎儿的大脑，胎儿闭着眼睛，被深深地包裹在子宫温暖的黑暗之中。然而，即使在早期阶段，大脑也是根据相同类型的赫布机制塑造的，而赫布机制在出生后将继续用于了解外部世界。

1991年，斯坦福大学的马库斯·梅斯特（Marcus Meister）、雷切尔·黄（Rachel Wong）、丹尼斯·贝勒（Dennis Baylor）和卡拉·沙茨（Carla Shatz）在雏猫和新生儿的视网膜中发现了同步的活动波。[7] 这些活动波与1986年墨西哥世界杯比赛期间出现的被称为"墨西哥人浪"的场面非常相似。在墨西哥人浪中，看台上的观众依次站起，举起手臂，放下手臂，然后再次坐下。类似地，在视网膜中，邻近的视网膜神经元会在同一时间变得瞬时活跃，在视网膜上产生向不同方向传播的电活动波。这种活动模式与视网膜对现实世界缓慢移动的模糊图像的反应方式有些相似。然而，所有这一切都发生在黑暗的子宫之中，胎儿闭着眼睛，感知光线的光感受器还没有开始工作。这些自发的视网膜活动波在视觉形成之前就已经产生了。

视网膜神经节细胞是视网膜的输出神经元，它们将轴突沿着视神经送入大脑。视网膜神经节细胞是这些出生前墨西哥式活动波的参与者，当时它们的轴突正在与视顶盖中的目标神经元形成突触。此前，视网膜神经节细胞的轴突末梢开始在视顶盖内基于 Ephrin 的化学梯度建立突触连接（见第 6章）。地形图绘制进度良好，但还没有完全细化。视网膜波意味着视网膜表面的一个视网膜神经节细胞越靠近另一个视网膜神经节细胞，它们同时被激活的可能性就越大。赫布机制使用这些信息来使地形图的功能更加精确。这是对视觉形成前如何锐化视觉地形图的一个很好的解决方案。发育中的大脑正是使用这种方法来运行自身的测试模式，以微调连接和锐化图像。

斯坦福大学的卡拉·沙茨（Carla Shatz）及其同事的研究表明，这些视觉前视网膜波也参与了大脑中左眼和右眼之间的连接。在所有的哺乳动物中，来自双眼的视网膜神经节细胞将轴突发送到丘脑总被称为"外侧膝状核"（LGN）的区域。外侧膝状体是分层结构，类似一堆煎饼，每一层都拥有独立的视觉地形图。在成年人中，每片煎饼只会接受其中一只眼睛的输入，但在大脑发育的早期阶段，当发育中的视网膜神经节细胞轴突第一次到达外侧膝状体时，它们在左右层都会形成突触。左眼和右眼的视网膜波没有对应的模式，因为活动的视网膜波是自发产生的，而不是来自真实图像。赫布推论确保不同步的输入将失去其连接，结果导致外侧膝状体将自己整齐地划分为左眼主导层和左眼主导层。[8]

外侧膝状体在人类出生前就被划分为单眼性的左右层，也就是在任何真实的世界图像进入婴儿的眼睛之前。当新生儿第一次睁开眼睛时，外侧膝状体的神经元就是单眼性的，而且它们的关键期已经结束。这些单眼性外侧膝状体将其轴突发送到视觉皮质，当新生儿睁开眼睛并第一次看到世界后，视觉皮质内的外侧膝状体开始整理这些轴突末梢。然后，真实视觉通过赫布同步机制来锐化真实图像的各种特征，例如双眼视觉。正如胡贝尔和威塞尔所指出的（见上文），在关键期，两只眼睛都必须睁开，才能保持视觉皮质的双眼性。

当然，不仅是视觉系统在出生前就进行了自我调整，这种自发的活动模式出现在整个正在发育的神经系统中。有充分证据表明，子宫中自发的神经活动模式调节了听觉系统、运动系统、小脑、嗅觉系统和大脑中的其他神经回路。[9]

调谐和解谐

我们都深刻认识到童年是一个易受影响的年纪。2020 年诺贝尔文学奖获得者路易丝·格吕克（Louise Glück）在她的诗歌《返乡》中简洁地写道：[10]

田野。高草的气味，新鲜修剪。
正如人们对于抒情诗人的期待。
我们曾看过这个世界，在童年。
余生皆为回忆。

自发的活动模式（比如自身产生的视网膜波）在出生很久之前就开始塑造大脑回路。然而，回路形成的关键期（特别是大脑皮质）延伸到出生之后，因此，子宫以外的世界也参与了对大脑的微调。[11] 大脑皮质的可塑性随年龄的增长而减弱。当我们离开童年，我们似乎关闭了某些关键期，并为可塑性拉下"手刹"。我们不知道为什么可塑性会减弱，现在有多种解释：例如，如果调谐意味着对数万亿个突触进行调整，以便系统以最佳方式工作，那么它可能会根据最佳配置趋于稳定。当细胞通过自我调整以使其在其所熟悉的世界内运行，回路会变得越来越固定，某种角度来说，对不断变化的世界变得无动于衷。

对大脑进行的结构研究似乎得出有关可塑性关停秘密的其他线索。例如，在大脑皮质的几个区域，人们发现了一种抑制性神经元，它似乎在自身周围聚集了一些细胞外物质。在显微镜下，这些物质看起来像是包裹在神经元周围的锁链，限制了其基本形状的进一步变化。与此同时，被称为"少突胶质细胞"的胶质细胞在髓鞘中包裹轴突，而星形胶质细胞则在包裹突触的连接部分。以上这些以及其他一些过程，都被认为是关闭关键期和限制可塑性的一部分原因。

神经学家一直在寻找重启关键期的方法。例如，有没有可能重新开启语言习得的关键期，这样作为成人，我们就可以像孩子一样学习一门新的语言？同样，心理学家可能想知道，童年时期不愉快经历或社会剥夺的破坏性，是否可以通过重新开启成人大脑中的一个关键期来抵消。如果我们能够识别和理解在大脑发育的关键期受到负面影响或被忽视的神经回路，或许我们也可以找到恢复它们正常功能的方法。

学习

令人振奋的是，突触的可塑性并不会永远关停。在成人视觉皮质中的每个神经元有数千个突触排列在其树突上，它们以极其高效的方式收集和处理视觉信息，不断进行微调，以保持长期自我调节，因为每个突触仍保留一部分可变性。

大脑中的数百万亿个突触，它们在人一生中都可以变强或变弱。这种持续到成年的突触可塑性给予我们学习的能力。但在青少年时期可以迅速做出的重大调整，在成年以后变得十分困难。

学习是大脑中一种持久的可塑性，可以将其视为上述微调过程的延续。事实上，赫布最初提出这一规则是为了解释成年动物的联想条件反射，这是伊万·巴甫洛夫（Ivan Pavlov）在狗身上进行的一类型学习的研究。一只狗听到开饭前被敲响的铃铛会垂涎三尺。食物本来就会让狗流口水。但如果在提供食物之前让狗反复听到铃声，将铃声与食物奖励联系在一起的突触就会变得更强。不久之后，狗只要听到铃声就会流口水。根据赫布机制，世界各地的研究人员开始着手研究学习的神经基础，专注于强化突触的方法。数以千计的关于细胞学习机制的科学论文已经发表。以下是在大脑发育的背景下对这些机制的简要概述。

将一件事与另一件事联系起来（就像食物与铃声）的记忆回路通常以下列方式工作：突触前神经元携带着一系列的输入，如果两个或两个以上输入是同步活跃的，并有助于激活突触后细胞，这些输入就会增强。在脊椎动物大脑的典型突触中，兴奋性突触前细胞在激活时释放神经递质谷氨酸。突触后细胞有两种主要类型的谷氨酸受体。一种类型会开启激活突触后神经元的离子通道，而另一种被称为 NMDA（N–

甲基 –D– 天冬氨酸）受体不会开启离子通道，除非突触后细胞首先被非 NMDA 谷氨酸受体充分激活。只有当突触后细胞受到非 NMDA 受体的有效刺激时，NMDA 受体本身才会变得活跃。因此，NMDA 受体可以充当突触前谷氨酸释放和突触后细胞激活之间的"同步探测器"。当 NMDA 受体激活时，它们会打开突触后细胞膜上的钙通道。钙的局部流入是通过加入更多谷氨酸受体并启动局部生长过程来增强突触。此外，对突触前神经元的反馈使其变得更高效、更庞大。一开始，发出铃声信号的突触不足以激活导致流口水的突触后神经元，但食物总是可以刺激到这些神经元。如果铃声突触在唾液神经元由于食物而活跃的状态下释放谷氨酸，那么铃声神经元就可以激活 NMDA 受体，加强它们的突触。很快，铃声突触本身就会强大到足以激活唾液神经元。这种分子机制被认为是大多数神经元在突触修改过程中存储新信息的核心。毫无疑问，这些 NMDA 受体也是细化过程机制的核心。例如，如果 NMDA 受体在视觉发育关键期被药物阻断，即使一只眼睛在这一时期被剥夺视力，视觉皮质也会保持双眼视觉。

赫布规则中隐含的因果关系意味着，如果 A 细胞激活得比 B 细胞晚，它就不可能导致 B 细胞被激活，因此突触也会不被增强，甚至可能会被削弱。我曾有幸成为蒲慕明在加州大学圣地亚哥分校工作时的同事。有一天，蒲慕明来到我的实验室，问我们是否可以向他展示非洲爪蟾胚胎大脑中视顶盖的确切位置。当他和他实验室的科学家们学会记录非洲爪蟾视顶盖中的细胞活动时，他们就能够使用一个由三个神经元组成的系统（两个突触前视网膜神经节细胞及其突触后视顶盖中的一个神经元）来确定突触增强和减弱所必需的同步窗口。如果突触前细胞在突触后细胞激活前几十毫秒内激活，它们的突触将被增强。但是，如果突触前细胞在突触后细胞之后激活，突触就会减弱。[12]

我们的大脑，就像许多动物的大脑一样，在一生中不断变化。我们无法改变我们自己的身份，但我们的大脑，就像我们所有的其他器官一样，在我们体内持续变化。下一个问题是："我们到底是谁，我们的大脑如何对其编码？"我们将在第9章中，从大脑的构建角度来解释这个宏大的问题。

9

成为人类与成为自己

人类进化出人类大脑，而人类大脑的运作机制则确保每个人都有独特的思维。

尺寸是否重要?

人类大脑不同于其他任何动物的大脑，因为所有物种的大脑都经历了数百万年的进化，以适应自己的生活方式。蜘蛛的大脑适合织网和捕捉苍蝇，鱼的大脑让鱼可以适应水中的生活，而人类的大脑则是用来处理人类事务的。本书的前几章强调了动物和人类大脑之间的许多相似之处，这些相似之处深深根植于进化和用于构建神经系统的生物机制。现在，我们将关注人类和动物大脑之间的差异、这些差异是如何产生的以及这些差异对我们个人意味着什么。

对进化感兴趣的神经解剖学家很喜欢比较脑的大小。[1] 成年人的大脑平均重约 1.5 公斤——很大，但不是最大的。非洲象的大脑重约 5 公斤，抹香鲸的大脑重约 8 公斤。老鼠的大脑很小，不到 1 克。已知最小的哺乳动物是伊特鲁里亚鼩鼱，它们的大脑重量只有 64 毫克。地球上已知的最小大脑属于一种寄生黄蜂——仙女蜂（Megphagma mymaripenne），它的身体和一些原生动物一样大。在这些黄蜂中，组成大脑的神经元在产生后不久就失去了细胞体和细胞核。因此，它微小的大脑几乎完全由轴突和树突组成，只有活体线路及其连接。[2]这足以让它们过上忙碌但短暂的生活，在飞行中寻找猎物和潜在的配偶。

人脑约占成人平均体重的 2%，那是不是我们的大脑与身体的比例是最大的？但事实并非如此，我们并没有最高的脑重与体重比率。小型哺乳动物的比例往往较高，而大型动物的比例较低。这基本是由大脑和身体质量之间的比例关系决定的：比其他动物大十倍的动物往往只有比其他动物大六倍的大脑。这种特殊比例的产生原因是比较生物学家们需要考虑的问题。然而，在考虑到这种比例关系的情况下，再思考人脑是否比其预期的比例更大，答案终于是肯定的。对于我们这种体型的哺乳动物来说，我们的大脑大约比预期的大十倍。人类大脑的体积和神经元的数量是与我们体型相似的现存近亲黑猩猩的四倍。

虽然没有保存下来的人类祖先大脑标本，但他们的头骨也可以提供一些相关信息。颅骨的脑壳可以代表大脑的大小和形状，特别是大脑皮质。对脑壳的研究表明，大约420万年前出现在东非的南方古猿（已知最早的原始人），其大脑皮质已经开始扩张。最著名的南方古猿露西，她的大脑大约是现代人类大脑的三分之一，略大于现代黑猩猩的大脑。露西使用双脚行走，她的手可以抓握工具。作为两足动物，她可以抬起眼睛眺望高高的草丛，观察远处是否有食物或危险。大约200万年前，随着"直立人"的出现，人们看到了第二次大脑皮质扩张，他们的大脑大约有现代人类大脑的一半大小。直立人被认为是首先学会用火的人种，他们在大型社区中一起工作、冒险出海、创造艺术。最终的皮质扩张出现在我们可能的祖先海德堡人身上，他们的大脑基本上和现代人类差不多大。智人（现代人类）被认为是在大约30万年前从海德堡人分化出来的。自从智人出现以后，人类这一物种的脑壳几乎没有发生什么变化。

尼安德特人也被认为起源于海德堡人，并与智人共存，直到在大约3.5万年前灭绝。他们的大脑比智人稍大，但这种差异只是因为尼安德特人的身体比智人稍大。对脑壳形状的分析表明，尼安德特人的大脑比智人的略长一些，人们推测，智人的大脑和心理机制可能与尼安德特人有所不同。例如，与视觉有关的枕叶在尼安德特人中相对较大，因此尼安德特人可能更擅长视觉处理，而智人的大脑顶叶（整合听觉、视觉和体感信息并参与数学处理）可能比尼安德特人的更大。令人惊讶的是，在过去十年间，人们发现尼安德特人和现代人类之间存在着广泛杂交。经血统测试系统 23andMe 评测，我妻子的尼安德特血统大约是我的两倍。有时候，我们想知道这对我们的关系意味着什么。

大脑结构

包括人类在内的所有脊椎动物都有相似的神经系统组织，分为相同的区域（前脑、中脑、后脑和脊髓）和相似的主要亚区（视网膜、视盖、小脑等），因此，脊椎动物的神经系统蓝图（见第 2 章）并不是我们人类所特有的。当考虑到我们与近亲之间大脑区域相对大小的差异时，我们就可以了解人类大脑计划的特殊之处。所有哺乳动物都因大脑皮质的扩张程度不同而区别于其他脊椎动物。哺乳动物是从爬行动物祖先进化而来的。现代爬行动物前脑中被称为"背侧大脑皮质"的区域很小，但在哺乳动物中，这一区域扩大并演化为大脑皮质。大脑皮质在早期哺乳动物（如刺猬和负鼠）的大脑中只占五分之一左右；它在猴子的大脑中要大得多，约占大脑的一半。在人类大脑中，它已经占据了主导地位，人类大脑大约四分之三的部分是大脑皮质！在人类进化过程中，随着大脑皮质的扩张，它变得错综复杂，折叠成山丘（脑回）和山谷（脑沟），并且越来越厚，有更多的神经元来处理信息。随着规模的扩大，它也被细分为许多区域，这些区域与不同的功能相关联。

19世纪中叶，一场关于人类起源的激烈辩论如火如荼。理查德·欧文（Richard Owen）是一位化石猎人和伟大的博物学家。他因发现了一大类已经灭绝的爬行动物——恐龙而闻名于世。欧文是查尔斯·达尔文（Charles Darwin）的猛烈批评者，他认为人类肯定不是从猴子这样的祖先进化而来的。相反，他相信进化有一个既定方向，这意味着人类从一开始就来自一条独特的进化路线。欧文使用大脑说服人们相信他的观点。他指出，猴脑和人脑在大小和形状上的明显差异正是反对共同祖先论的证据。辩论的另一方是托马斯·亨利·赫胥黎（Thomas Henry Huxley），他后来被称为"达尔文的斗犬"。赫胥黎证明，人类大脑的许多不同区域（包括大脑皮质的许多部分）在猴子大脑中都有对应的区域，而且虽然这两种大脑在大小上差异很大，但结构却非常相似。如今，我们有更多的证据显示猴脑和人脑的大脑皮质许多区域功能的相似性，而我们的基因和化石记录中也发现了很多我们是从类猿祖先进化而来的证据。

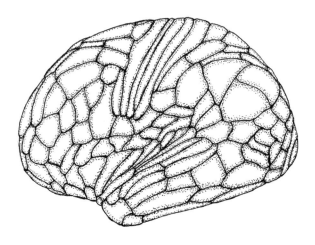

图9　人类大脑皮质区域的多模式分析

左半球侧视图，与图 2.4 相比较。（改编自：D. C. Van Essen, C. J. Donahue, and M. F. Glasser. 2018. "Development and Evolution of Cerebral and Cerebellar Cortex." Brain Behav Evol 91: 158–169，原收录于：M. F. Glasser, T. S. Coalson, et al. 2016. "A Multi-modal Parcellation of Human Cerebral Cortex." Nature 536: 171–178。）

人类属于类猴灵长目动物，猴类和猿类也是。目前对大脑皮质大小、形状、连接和功能的分析表明，与其他灵长类动物相比，人类扩展了大脑新皮质的几个区域，但各区域并不是均匀扩展的。人类大脑皮质的主要感觉和运动区域往往扩展规模最小。例如，与猕猴相比，人类的视觉皮质在大脑中所占的比例较小。布罗德曼将人类大脑皮质划分为 52 个区域（见第 2 章）。使用高分辨率结构和功能磁共振成像等现代技术，华盛顿大学的戴维·范·埃森（David van Essen）及其同事已经识别出人类大脑各半球约 180 个不同的区域（见图 9）。其中大约 160 个区域也出现在猕猴的大脑中，但其中很多区域在人类大脑中已经大大扩展。[3] 那些参与高级联系的区域（例如：整合感官的区域、计划行动的区域、参与交流的区域和涉及抽象思维的区域）似乎扩展最大。有趣的是，我们大脑中有大约 20 个区域无法在猕猴中识别出来。这些是新产生的区域吗？如果是这样的话，这些新的大脑区域是如何产生的，它们到底是做什么的？鉴于神经科学家仍在试图弄清楚大脑皮质各区域（包括视觉皮质）是如何处理信息的，以及在对人类进行实验时会面临的巨大挑战，人们可能需要很长时间才能就这些潜在人类特定脑区的研究结果达成共识。尽管如此，这些新皮质区域的充分结合和其他区域的相对扩张和收缩，共同奠定了我们区别于其他灵长类动物的智力基础。

幼态持续

在生物学中，由于较早发育阶段的延长而导致较晚发育阶段的延迟被称为"幼态持续"。最著名的幼态持续示例来自一种墨西哥火蜥蜴"钝口螈"。它们很容易通过人工饲养繁殖，但在野外却濒临灭绝，世界各地的科学实验室都在培育它们，并采集了各种突变品系。我以前在实验室养了一大群，每一只都有自己的名字，比如奥利维亚、牛顿和约翰。多数品种的火蜥蜴在离开水域生存环境并性成熟时都会经历一次变态。然而，成年的钝口螈一生都待在水里，保留它们的外部鳃，看起来像其他物种的幼体。

人类也会表现出幼态持续的特征，这是因为大脑比身体其他部分生长得更快。有人认为，人类大脑的完全发育会对妊娠带来限制。更大的大脑意味着更大的头部，在分娩时可能会危及母亲和婴儿的生命。因此我们从子宫中诞生之时，身体和大脑发育都不成熟。

比较人类和猕猴大脑几个区域表达的基因发现，这两个物种有数千个基因的激活模式从早期阶段显著转移到了较晚阶段。4 在人类和猕猴中，这种变化都发生在出生前，但在猕猴中比在人类中发生得早。这意味着许多晚期基因在人体中的表达出现显著的时间延迟，表明人类大脑处于生长发育早期阶段的时间更长。

最近的一项研究表明，与莫瓦特·威尔逊（Mowat-Wilson）综合征（以小头畸形、智力残疾和癫痫为特征）相关的 ZEB2 基因，在由大猩猩胚胎干细胞长成的皮质类器官中表达的时间比从人类胚胎干细胞长成的类器官中表达的要早。如果在实验中将 ZEB2 基因在人类器官发育的早期激活，神经干细胞就会提前停止增殖，形成更小的大脑皮质；或者，如果在实验中使该基因在大猩猩的细胞中失活，神经干细胞就会继续增殖更长时间，使类器官变得更大。这些结果表明，ZEB2 激活时间的延迟可能为人类大脑的进化提供了线索。[5]

人脑幼态持续的一个重要解剖学表现是，与其他灵长类动物（如黑猩猩）相比，人脑在髓鞘形成方面也有延迟。髓鞘形成是出生后大脑和头骨生长的重要原因（见第 3 章），这可能是出现延迟的另一个原因。人脑幼态持续的结果是，人类在出生时需要更加依赖其照顾者，而且有更长的出生后大脑细化期。这种幼态持续意味着我们对世界的体验对我们大脑的发育有更大的影响。

塑造人类大脑的基因

我们基因组中有超过三分之一的基因在发育神经系统中表达。这大约是一万个单独基因。当其中一个基因出现缺陷时，可能会对大脑发育或神经元的功能或存活产生影响。数百个与神经发育、神经功能和神经元存活等方面相关的单独基因已经被识别出来，而随着现代分子测序技术和基因组算法对数据处理能力的提高，这一列表正在迅速增长。在本书的前几章中，我们已经谈到了许多与神经发育有关的基因，它们只是数千个在神经发育的不同方面发挥作用的基因中的一小部分。

黑猩猩和人类的基因组非常相似，在30亿碱基对中，有99%是相同的。但这也意味着有3000万个碱基对存在着差异！对于科学来说，确定其中哪些碱基对可能与独特的人类大脑有关以及有什么关系是一个巨大的挑战。黑猩猩和人类基因组之间的大部分差异存在于不制造蛋白质的DNA区域，其中一些区域在人类谱系中进化迅速，在没有积极选择的情况下，以比预期更快的速度积累变化。有人认为，这些人类特有的加速区（HAR）可能在人类的进化中发挥了作用。[6]我们已经了解到一些HAR的功能。例如HAR1，它是第一个被识别的HAR，用于制造一个不编码蛋白质的RNA分子。这段RNA的确切功能尚不清楚，但其活动模式是具有启发意义的。它在孕期第7周至第18周的人类胎儿中非常活跃，特别是在参与构建大脑皮质的络丝蛋白分泌神经元中（见第3章）。另一种HAR可以增强皮质中的Wnt信号（见第2章）。人类基因组中也有一些只在人类中重复出现的区域，导致一些基因有了第二个副本，随后通过突变成为人类特有的基因。其中一种已被鉴定为缺口分子的受体（见第4章），并与促进细胞增殖有关。事实上，到目前为止发现的数百个HAR中，有很大一部分与已知在大脑发育中发挥作用的基因有关。

结合强大的基因组学与微型人脑类器官开辟了一些新的研究领域。当我刚开始进入这些领域的时候，这些想法似乎异想天开。例如，最近的一项研究集中在一种名为"Nova1"

的基因上，该基因编码参与突触形成的蛋白质。Nova1 基因是少数几种只在人类中发生结构变化的蛋白质之一，但在我们已经灭绝的表亲欧洲尼安德特人和最近发现的亚洲丹尼索瓦人基因组中却没有发现，即使两个人种都与现代人类有跨种群交配。在最近的一系列实验中，人们使用了基于"簇状规则间隔短回文重复序列"（CRISPR）的基因编辑技术，在一些胚胎干细胞中使用在尼安德特人和丹尼索瓦人中发现的古老版本 Nova1 基因替换了现代人类版本的 Nova1 基因。[7]结果是，被培养的这些人类干细胞形成的皮质器官形状，以及在这些大脑器官中形成的突触分子构成和功能，与表达人类版本 Nova1 基因的器官中发现的略有不同。这些结果表明，Nova1 基因的变化可能有助于人类大脑的进化。由于我们对在组织培养皿中生长的微型人脑的研究才刚刚开始，我们应该非常谨慎地解读这些结果，然而这无疑是研究人类大脑进化的令人兴奋的新途径。

语言

是什么样的认知功能把我们与其他动物区别开来，而成为人类呢？这个问题的答案是哲学、比较心理学和神经科学不断探索的结果。人们提出了许多观点，包括意识、良知、创造力、自我意识、记住事件发生时间地点的能力、公平竞争和道德意识、解决挑战性问题的能力、发明新策略的能力、使用工具的能力等。大多数关于动物和人类区别的想法都受到了博物学家、动物学家和神经学家的反驳，他们发现大象会集体哀悼，黑猩猩会向其他黑猩猩传授新的技能并在群体中传播，狮子会对鬣狗进行报复，鸟类会理解其他鸟类的想法，还有很多动物会发明获取难以拾取食物的方法（例如，乌鸦将石头扔进一个半满的圆筒，将漂浮在水面上的食物提升到可以接触到的水平）。人类观察者还目睹到猕猴在实验室环境中做出的经济决定，这些决定与现代经济理论教科书中为在各种风险和回报情况下做出合理决策的复杂数学方程式所获得的结果一致。

虽然关于是什么使我们成为人类的争论可能永远无法完全解决，但语言普遍被认为是我们这一物种最先进的特征之一。但语言真的是人类的专长吗？所有的动物都会交流。蚂蚁会留下化学痕迹，蜜蜂会跳舞告诉彼此花蜜来源的距离和方向，就连细菌也会相互发出信号。我们的近亲黑猩猩具有非常复杂的交流技能。一只黑猩猩与正在走近的另一只黑猩猩进行了眼神交流，然后猛地将手甩向一边，意味着"走开！"这是人类也经常使用的一个手势。对我们来说非常直观的其他手势命令还有："跟我来！"或"看那边！"黑猩猩还经常一边做手势一边喊叫，不同的喊叫声可以代表警报、食物、社区成员、个人身份、性兴趣等信号。不可否认，黑猩猩拥有复杂的交流系统。但是，对于我们人类来说，语言这种交流形式会使用句法、语法规则、语义结构和对理论概念的引用，可以将复杂的想法组装成一个很长的句子，就比如这一句。

如果复杂的语言是人类所特有的，那么它对于人脑有什么作用呢？ 1861 年，法国医生保罗·布罗卡（Paul Broca）对一名绰号为"Tan"先生的 51 岁患者大脑进行了尸检。[8] 在 30 岁的一次事故后，Tan 先生只能说一个词，那就是"Tan"。他能听懂语言，还能回答问题。例如，如果你让他说 13 减 9 等于多少，他会说"Tan Tan Tan Tan"来表示 4。布罗卡在 Tan 先生大脑的左侧大脑皮质额叶外侧后部发现了一处病变。很快，布罗卡又接收了另一位病人，他只会说五个词。在对第二名患者的大脑进行尸检后，布罗卡写道："当我发现我的第二名患者与第一名患者的病变处于同一位置时，我真的非常惊讶。"这种情况下，患者可以听懂口语，但没办法自己说话，这通常与大脑这一区域（现在被称为布罗卡区）的病变有关。十年后，在奥地利工作的另一位医生卡尔·韦尼克（Carl Wernicke）发现了另一个在很多方面与布罗卡区互补的大脑区域，[10] 现在被称为韦尼克区。当这一区域受损时，患者可以说话，但听不懂口语或书面语言。说话时，韦尼克区受损的患者会选择错误而没有意义的词语。例如，如果被问及早餐吃了什么，他们可能会回答："老橡树下的鞋带，在阳光下唱歌，总是那么吵，你不知道吗？"而且他们认为自己的回答是恰当的。

在人类大脑中发现了这些参与产生和理解语言的皮质区域之后，人们想知道其他灵长类动物是否也有这些大脑区域。答案是肯定的。根据相关区域在猴类大脑皮质中的位置、它们所包含的特殊类型神经元、它们与其他大脑区域的连接模式以及它们在产生和响应交流中的功能，人们已经在猴类中识别出与布罗卡区和韦尼克区在结构上相当的区域。例如，刺激猕猴的类布罗卡区会引起与说话相似的口腔和面部运动。猴类的手势交流与布罗卡区的活动有关，听到特定物种的叫声会激活猴子的布罗卡区和韦尼克区，就像人类的语言一样。因此，这些区域存在于非人类灵长类动物中，并可能为语言的形成奠定基础。然而，人类大脑中的这些区域已经扩大，尤其是在大脑左侧。人类大脑平均比黑猩猩大脑大 3.6 倍，而人类布罗卡区的大脑面积几乎是黑猩猩的 7 倍。

随着大脑的语言区域在进化中扩展并成为人类的特有区域，人们预测，新生儿可能已经具备语言能力。事实上，新生儿（三日龄或更小）对口语录音比对非人类哨声会做出更多反应，他们对自己的母语（他们在子宫中听到的语言）的反应也比对外语更好，而且当母语正常播放而不是倒放时，他们的反应更好——他们似乎已经"知道"有关语言的许多重要事情。脑电图和功能磁共振成像研究表明，婴儿听到语言时，左侧大脑皮质中对语言进行编码和解码的区域会变亮。更神奇的是，最近的研究表明，在出生时，被称为视觉词形区域的左侧颞叶区域（用于识别字母和书面单词）已经选择性地与其他语言中枢连接。[11] 虽然儿童可能需要花费很多年才能够理解或形成口语和书面语，但在他们能够说话之前，大脑的各个区域就已经学会了如何解码和生成语言。

人类大脑中语言相关回路的早期发育意味着这一切与基因编码机制有关，人们可能会发现某些基因在大脑语言发展中发挥着关键作用。对语言遗传学的首次了解来自一个英国家庭，这个家庭的几代人都表现出了语言缺陷。这个大家庭中大约有一半人的下半张脸显得异常僵硬，很多人无法完整地说出一个完整的单词。他们会用"boon"代表"spoon"，"bu"代表"blue"。他们词汇量有限，而且显然很难发出一些人类语音。对该家族的遗传学研究表明，受影响者携带转录因子 FoxP2 基因突变。[12] 现在发现，许多有类似语言问题的人也存在着 FoxP2 突变。受 FoxP2 基因突变影响的人，其大脑会发生可测量的变化，例如大脑皮质几个区域（包括布罗卡区）的灰质变薄。大脑的功能成像显示，在与语言相关的任务中，与未受影响的亲属相比，受影响者的大脑布罗卡区以及其他语言相关区域活动不足。

FoxP2 不是人类特有的。[13] 所有的哺乳动物都有 FoxP2。在小鼠中，FoxP2 影响它们的叫声。带有 FoxP2 突变的小鼠不会像普通小鼠那样叫，它们的叫声是不正常的。鸟类也有FoxP2。在一些鸣禽（比如斑马雀）中，雄性可以发出从它们父亲那里学来的歌声。大脑中的Foxp2对于歌曲的学习和制作是必不可少的。在哺乳动物和鸟类中，FoxP2都参与了语音交流，这表明FoxP2对语言的发展非常重要。但科学界对FoxP2最感兴趣的一件事是，这种基因在人类身上发生了进化。鸟类、小鼠甚至黑猩猩都有相同形式的FoxP2转录因子，但是人类FoxP2蛋白中的几个氨基酸发生了变化。FoxP2在其他动物（包括我们现存的近亲）中的保守性表明这些变化发生在较近的灵长类动物进化时期。对尼安德特人和丹尼索瓦人组织片段进行的DNA测序研究表明，这些与智人杂交的灭绝人种都具有人类所拥有的FoxP2形式，这与他们具有语言能力的可能性一致。我们现在还不知道FoxP2结构的变化会如何影响其转录因子的功能，但我们知道这些变化确实起到了一定的作用，因为携带人源化FoxP2基因的小鼠会发出异常低沉的叫声！[14]

对患有语言遗传障碍的家庭和个人进行的现代遗传分析和DNA测序现在已经确定了数十个像FoxP2这样与人类语言有关的其他基因。[15]此外，与FoxP2一样，大多数这些基因并不完全是语言所特有的，它们还与其他认知综合征有关，表明这些"语言基因"也参与大脑发育的其他方面。现代观点认为，构建大脑语言的特有回路是数千个基因共同作用的任务，其中大多数基因也参与构建大脑的其他区域。一些基因像 FoxP2 一样编码关键转录因子，对许多其他基因的表达具有调节作用。正是由于这些基因对诸如细胞增殖、神经元细胞类型确定、轴突导向和突触形成等发育事件的作用，当婴儿出生时，一些大脑区域有大量的细胞和回路，使成长中的儿童学会理解语言、说话、阅读和写作。

"你好吗，我的小泡菜？"当我的孙女只有几个月大的时候，她无法回答我的这个问题，但她会看着我，有时还会发出可爱的咕哝声。孩子们需要听到语言才能理解它，他们需要练习语言，然后才能回答这样的问题，就像我孙女在三岁时给我的回答："我才不是小泡菜！"斑马雀的歌声也是如此。它们首先要听完一首成年鸟的歌曲，记住它，并尝试重复它。起初，斑马雀雏鸟会像人类婴儿一样喋喋不休，发出不完美的鸣声和支离破碎的歌曲片段。但随着时间的推移，它们唱得越来越好，并将短语连接在一起。它们努力将其对父亲歌曲的记忆与其自己制作的歌曲完美地融合。当一只斑马雀三个月大的时候，它完成了歌曲学习，听起来很像它父亲所唱的歌曲。当然，这和我的孙女有点不同，她不仅仅是模仿——她直接反驳了我的整个问题！很明显，她的大脑里发生了更多的事情。

斑马雀的歌唱学习有一个关键期（见第 8 章），那么人类是否也有类似的学习语言关键期？在这方面经常被提到的案例是一个出生于 1957 年的美国"野孩子"，名叫吉妮（Genie）[16]。吉妮的父亲讨厌孩子，不能容忍噪声，在她只有 20 个月大的时候就把她关在一个房间里。他白天把她绑在马桶上，晚上把她绑在床上。她被禁止与任何人交流，当她发出任何声音时，她会被殴打或挨饿。他自己也没有跟她说过话，而是像狗一样对她号叫。吉妮在 13 岁时被警方救出并住院治疗，许多语言学家一起帮助她，直到她 18 岁，这也是这起案件被完整记录的原因。吉妮在手势交流方面变得非常熟练，但她的语言技能只有很小的进步。吉妮案例给我们的启示是，就像鸟类一样，人类在发育早期需要听到和产生语言，以便对能够流畅解码和生成语言的神经结构进行适当的改进。如果没有输入，大脑的主要语言中枢就会萎缩，就像吉妮大脑的扫描结果所显示的那样。吉妮是一个极度贫困、受人虐待和营养不良的孩子，因此不能单独用她来得出任何确切的结论。然而，人类可能存在语言学习关键期，这一观点与一个无可争议的事实相吻合，即几乎所有成年人在学习第二语言方面都比儿童更加困难，而且更小的儿童通常更容易掌握一门第二语言，发音流利且没有口音。第二语言熟练度的下降很早就开始了，即使在婴儿学习母语的时候，他们辨别外语语音的能力也开始减弱。例如，大多数 6—8 个月大的美国婴儿都能分辨出两种关系非常密切的印地语语音。然而，当这些婴儿一岁大的时候，他们已经失去了分辨差异的能力。这一观察结果也符合对人工植入耳蜗获得听力的耳聋儿童的研究结果。这项研究清楚地表明，在发育早期完成耳蜗植入的儿童比在发育后期完成耳蜗植入的儿童能够更快地理解语言和形成口语能力。

总而言之，语言对我们人类来说具有变革性的意义。它不仅在地球上的所有人之间建立了复杂的交流系统，而且还成为了人类的奋斗基础，例如对历史、哲学、自然科学、口语艺术等方面的研究以及对时代"智慧"的传承。语言是我们用以超越遗传学和表观遗传学的方式，记录我们大脑所掌握的关于世界的信息，这些信息可能会影响现在和未来的数十亿人。语言最初是由数千个基因在人脑发育的过程中塑造的，其中许多基因还调控着其他基因。它们合作建立能够识别、解释和产生这种独特的人类交流形式的大脑回路。将话语转换为语言并将我们听到或读到的语言进行解码的神经算法仍然非常神秘，大脑回路的构建细节也是如此。在婴儿期和儿童期，这个系统回路是根据真实世界的语言练习经验来调整的。随着回路的改进和调整，熟练掌握第二语言的能力逐渐减弱。

不对称性

就像其他双侧对称的动物大脑一样，人类大脑的两侧也几乎是对称的，但并不是完全对称。[17] 它们更像是横跨中线的略微扭曲的镜像。不论右侧有什么区域，左侧似乎也有相应的区域，但左侧的区域可能与右侧的区域略有不同。使用现代成像技术对皮质厚度、组织学、基因表达模式和连接模式进行的详细解剖研究表明，人类的大脑皮质比与我们最亲近的黑猩猩的大脑皮质更不对称。例如，黑猩猩和我们一样，大脑左右两侧都有布罗卡区，但黑猩猩的这个区域不像人一样大小不对称。

人类和所有其他脊椎动物一样，右脑感知身体左侧并控制左侧的肌肉，而左脑的情况正好相反。但人类的大脑对于语言来说并不对称，多数人的语言中枢更集中于左脑。"nous parlons avec l'hémisphère guche（我们用左半脑交谈）"是布罗卡关于人类语言偏侧化的说法。左半脑中风的患者会失去对身体右侧的感觉和控制，也通常会失去语言交流能力，而右半脑中风的患者会失去对身体左侧的感觉和控制，但往往可以保留全部的语言能力。

胼胝体是包含约 2 亿髓鞘轴突的巨大白质区域，用于连接大脑皮质的两个半球。20 世纪 60 年代，正在治疗严重癫痫病人的神经外科医生发现，当他们切开胼胝体并切断所有这些轴突时，在某些情况下可以极大地缓解病情，而对大脑功能的破坏却令人惊讶地微乎其微，即使他们所破坏的是大脑中这条巨大的通信高速公路。接受这种手术的患者被称为

"裂脑"患者。如果没有复杂的测试，裂脑患者和其他人几乎无法区分——许多没有被诊断出神经或认知问题的人，在死后被发现他们从出生时就没有胼胝体！

罗杰·斯佩里为我们提供了化学亲和力的概念（见第6章），他对左脑和右脑也非常感兴趣，裂脑患者为他提供了独特的机会来研究人脑的偏侧化。令人惊讶的是，在对裂脑患者的研究中，他发现语言并不完全局限于大脑的左侧。斯佩里发现，右脑也有很强的语言理解能力。他会在屏幕上闪烁一个单词，使其在注视点的左侧出现，使得只有患者大脑皮质的右侧才能检测到该单词。然后，他会让患者从面前的几个物体中拿起一个。例如，他只向大脑右侧展示"苹果"这个词，裂脑患者可以拿起一个苹果。这类测试被用来证明右脑甚至可以理解复杂的短语，比如"装液体的容器"。然而，掌管语言的左脑并没有意识到右脑的这些表现，患者也无法说出为什么他会拿起苹果或量杯。

斯佩里在加州理工学院神经生物学课程的一次演讲中告诉学生，有一次，他向裂脑患者的右脑展示了一张色情图片（他没有说具体是什么图片）。这位患者显然很尴尬，他的左脑感觉到发生了什么事，但不知道是什么——当患者被问及为什么脸红时，他说他感到非常尴尬，但不知道为什么。在裂脑患者中，两个半脑就像是独立的存在，它们甚至可能同时进行相互冲突的认知操作，而另一半大脑却无法感知。正如斯佩里所说，大脑的每个半球"似乎都有自己的基本独立认知域，有自己的感知、学习和记忆体验，并且似乎都忽略了另一个半球的相应事件"[18]。一个大脑中有两个半独立的思想。

大脑另一个明显的不对称性是惯用手——你在大多数活动中倾向于用右手还是左手。到孕期 15 周时，大多数人类胎儿右臂的活动比左臂更多，而且似乎更喜欢吮吸右手拇指而不是左手拇指。对接受超声波扫描的儿童进行的跟踪研究表明，这种不对称性的孕期偏好与后来的惯用手有很强的相关性。神经解剖学研究和对胎儿的基因表达研究一致认为，大脑的偏侧化在孕期就已经非常明显。

许多人在惯用手和语言方面更加均衡，而有些人则不太对称（例如：语言优势在右脑而不是左脑）。大脑各种不对称性（如语言优势和惯用手）之间的相关性较差，因此，一个人可能是左撇子，但其语言优势有可能在右脑也可能在左脑。惯用手的偏侧化比语言的偏侧化更具有可变性，例如大多数左撇子仍然使用左脑控制语言，这表明不同的发育机制控制不同的大脑区域的偏侧化。但也有一种相互作用，左撇子往往在其大脑右侧拥有更多的语言功能。当斯佩里及其同事测量裂脑患者的各种认知功能时，他注意到那些在左脑任务中得分较高的患者，在右脑任务中的得分相应下降，反之亦然，这表明偏侧化具有可变性或灵活性，任何一方都可以比另一方占据更大的份额。这一系统的灵活性可以体现在小时候左侧大脑受损的儿童身上，这些儿童的右侧大脑皮质可以接管语言功能，使其语言技能恢复正常。然而，如果类似的损伤发生在成年人身上，对语言的影响通常是彻底且不可弥补的。

有人可能会推测，我们大脑的偏侧化与我们内脏的偏侧化有关。几乎每个人的心脏、胃和脾都在身体的左侧，而肝、胆和阑尾在右侧，肠道和血管系统中还有很多左右不对称的地方。令人惊讶的是，我们体内的这种左右不对称始于孕期第 3 周时几根纤毛的摆动，此时原肠开始形成，中胚层细胞开始在节点处迁移到胚胎内（见第 1 章）。纤毛在节点上的同步摆动往往会将节点内的细胞外液从右向左推动。这种不断向左推动的液体里溶解了一种分泌蛋白，相应被称为"节点"（Nodal）蛋白。这种液体的向左流动导致节点左侧的细胞比右侧的细胞接收到更多的节点信号，引起了一系列的连锁反应，使我们的肠道不对称地分布。当控制节点处纤毛运动的基因被破坏时，就会导致人体出现一种非常罕见的疾病，被称为"内脏反位"。内脏反位是指所有内脏从右向左完全翻转。在内脏反位患者中，器官之间的关系没有发生任何改变，只是镜像颠倒，并且大多数内脏反位患者并没有什么特别的医学问题。那么内脏反位患者的大脑呢？它也会翻转吗？不是的！大多数内脏反位患者的语言优势位于左半脑，并且是右撇子。因此，大脑区域的偏侧化似乎与我们肠道的偏侧化相对独立。

那么，我们对大脑偏侧化的发展有哪些了解呢？首先，同卵双胞胎在偏侧大脑结构和功能方面并不比异卵双胞胎更为相似。这表明基因在大脑皮质区域偏侧化的可变性中作用很小。而对于语言和惯用手，有人认为，胚胎在孕期接触到的类固醇性激素中可能会影响性别发育，也可能会对偏侧化产生一些影响。这与男性比女性更容易出现左撇子的事实相吻合。平均而言，女性在语言方面比男性更具双边倾向，因此当女性出现左脑中风时，她们通常不会出现语言障碍。偏侧化仍然充满谜团：遗传似乎扮演着次要的角色，而在子宫中接触到的激素似乎起到了一定的作用。但几乎可以肯定的是，现实世界的经历也起到了一定的作用。例如，美国在 20世纪 10 年代和 20 年代，要求用右手写字的社会压力（世界上有些地方仍然如此）迫使天生的左撇子学习用右手写字。

表观遗传学

表观遗传学主要研究如何在不改变 DNA 序列的情况下开启和关闭基因。DNA 序列变化（即可以遗传给下一代的基因变化）是现代进化论的基础，基因变化对人类大脑的构建至关重要。与此相对，表观遗传变化则涉及甲基（CH_3）、乙酰基（CH_3CO）和其他小化学基团与 DNA 或组蛋白（将 DNA

组装成染色体的蛋白）的化学连接。添加这些基团可以改变基因长时间内的激活方式。例如，甲基可以直接稳定地连接到 DNA 上，从而在整个生命周期内影响附近基因的表达。在发育过程中，DNA 和组蛋白发生了一系列表观遗传变化，激活与神经分化有关的基因，抑制与增殖有关的基因。这些变化都有助于控制大脑发育的时间。正因如此，这些表观遗传改变的缺陷会导致某些脑部肿瘤。

众所周知，类固醇性激素会影响几乎所有脊椎动物身体和大脑中性别差异的发展，并影响大脑的偏侧化，正如上文所提到的。孕期接触这些激素会引起发育中的脑细胞染色体的表观遗传变化。孕妇不断通过胎盘以激素、营养素和其他生物活性分子的形式向胎儿传递信号，因此，体内发育中的胚胎可以获得一些关于外部环境条件的信息。例如，母体饮食中的各种营养素（或缺乏营养素）、氧气水平，以及压力、酒精和药物水平将改变酶的活性，而这些酶会向染色体添加或移除甲基和乙酰基，并随着大脑的发育和功能的发展来改变基因的表达方式。通过这种表观遗传方式从母体传给胚胎的信息可能会让发育中的生命体采用更适合其母亲所处环境的特征。但如果环境改变，这种表观遗传变化可能会产生负面后果。大多数表观遗传变化在早期胚胎阶段就会从 DNA 中清除，因此下一代将从可被表观遗传修饰的原始 DNA 重新开始，但这些变化中的一小部分不会被抹去。因此，一个世代可能会以一种影响基因活动但不涉及改变 DNA 序列的方式影响下一代。

人们已经研究了实验室线虫对饥饿反应的表观遗传变化。[19]在现实世界中，这些动物的生命或盛或衰：它们可能出生在食物丰盛的季节，这些食物可以供养它们短暂生命（不到 3周）的许多代；它们也可能在食物枯竭时出生。如果人们在实验室中让一代线虫挨饿，这就会影响到后代线虫。在饥饿的情况下，会出现一群比食物丰盛时期更坚强、寿命更长的线虫。这种状态通过表观遗传变化保持了几代线虫，就像是饥荒的记忆痕迹。这些线虫实验让人回想起第二次世界大战期间在荷兰囚犯身上进行的残酷实验，目的是观察人类在通常热量摄入三分之一的情况下如何生存下去。战后，科学家们研究了在强制饥荒期间出生的儿童，即使没有在出生后挨饿，他们也比平均人类体型要小。此外，这些孩子的后代体型也更小。在这类营养不良情况下的人口详细记录表明，孕妇在怀孕期间挨饿也与后代患有成人心血管和代谢疾病（如糖尿病）的风险增加有关。[20]

在实验鼠中，有些母鼠天性非常关注其新生幼鼠，在整个哺乳期几乎一直在舐舐和梳理它们。我们称其为"高舐鼠"；还有一些母鼠被称为"低舐鼠"，它们对幼鼠的关爱要少得多。由低舐母鼠养育的成年雌鼠本身也倾向于成为低舐鼠，而高舐鼠通常也是由高舐母鼠所养育的。这种循环可以通过交叉养育来打破。例如，如果低舔母鼠生下一只雌性幼鼠，将其放在一只高舔母鼠的新生幼鼠中，它就会成为一只高舔鼠，并将这一特征传递给它的女儿。但这种交叉养育在现实世界中很少发生，因此，母性关注（或缺乏母性关注）的早期影响推动了这些特征的代代相传。[21]

对新生大鼠 DNA 甲基变化的研究表明，有数百个基因作用于调控舔舐和梳理。其中许多基因都会影响大脑的发育。低舔母鼠或高舔母鼠所养育的大鼠，其行为变化与大脑中应激激素水平相关基因表达的变化有关。压力环境条件导致母鼠在舔舐和梳理幼鼠上花费的时间更少，这对幼鼠来说也是有压力的，导致其压力回路变得过度反应，并使这些回路变得更加强大。因此，花费较少时间进行舔舐和梳理的母鼠所养育的幼鼠在成年后往往更容易紧张，而且比细心周到的母鼠所养育的幼鼠更容易感到害怕。

在低关注度下长大的成年人在恐惧、负面情绪和社交抑制等指标上得分也较高，表明大脑发育中存在长期的，且可能是表观遗传的变化。母亲关怀的极度匮乏（比如在一些儿童福利院长大的新生儿所经历的情况）也与大脑形态的变化有关，而且这些变化并不会因随后几年的环境改善而正常化，但来自儿童保育人员的悉心照顾可以一定程度改善这种早期关怀剥夺导致的情感创伤。

成年人的创伤经历也可能在表观基因组上留下印记。在实验室大鼠中，恐惧条件作用（电击与一种非恐惧刺激相配合）会导致数百个基因发生甲基化，从而使其表达发生改变。对小鼠的研究还表明，恐惧条件作用可以通过表观遗传机制遗传给下两代人。例如，将一种气味与电击相结合，会使小鼠的后代害怕这种气味，即使它们以前从未闻过这种气味。[22] 在我们家，我们经常讨论蜘蛛恐惧症（对蜘蛛感到恐惧），特别是大型、多毛、快速移动的蜘蛛。我的女儿在抱着她两岁的女儿时意外看到了一只这样的蜘蛛，给她吓得不轻。我的孙女现在就很怕这种大型毛蜘蛛。当我问我女儿这种恐惧从何而来的时候，她说不记得了，但我的妻子看到一只大蜘蛛也会尖叫，所以我怀疑她可能是从她母亲那里学来的。但我的妻子说从没人这样教过她，她只是本能地感到害怕。事实上，她认为害怕蛇和蜘蛛是非常明智的决定，不论是通过基因遗传还是表观遗传，这应该成为我们的本能反应！

差异性

我们的大脑因其共同结构特征而使我们成为独一无二的人类，但人类大脑之间却存在着巨大的差异。[23] 对大脑皮质几个结构特征的测量表明，人类大脑在不同皮质区域的形状、大小和厚度方面的差异性比黑猩猩之间更大。人类的大脑大小可能相差两倍，而区域大小通常也会因此而变化。在大脑结构中，同卵双胞胎之间的差异最小。然而，对同卵双胞胎婴儿的核磁共振研究表明，通过皮质折叠模式的差异可以100%准确地区分他们，就像可以用指纹差异来区分他们一样。[24]同卵双胞胎的大脑比异卵双胞胎的大脑更为相似，这说明遗传成分可以解释大脑解剖结构的差异性，但同卵双胞胎大脑之间许多可见的大脑差异与大脑结构的后天或偶然因素有关。

想象一下，把一块大比萨揉成一团放进一个人的头骨里，而它的实际大小和展开的皮质差不多。大脑皮质在生长过程中会以一种协调的方式自我收缩。结果就是几乎在每个人的大脑中都有一些可辨认的脑回和脑沟，它们在不同个体之间基本一致，因此获得了命名。例如，中央沟位于初级运动皮质和初级躯体感觉皮质之间的分界线附近，将额叶和顶叶分开。但这块比萨饼的揉捏程序并不完全相同，所以脑沟和脑回在深度、长度和确切路线也各有不同，在皮质的旋褶上还有许多更小的脑沟和脑回，它们在不同个体之间完全不一致，因此它们没有自己的名字。值得注意的是，人类大脑中最为相似的旋褶部分（例如中央沟）是最接近大脑皮质的部分，这些部分在大小和形状上与其他灵长类动物的大脑皮质也最为相似，因此，人们推测，这些部分是大脑皮质中最古老的进化区域。相比之下，人们在大脑皮质较高级别的关联区（即在人类中迅速扩展和进化的区域）中发现了更大的旋褶差异。大脑皮质中变化较大的区域是最新的、与高级处理相关的部分，可能是因为与更古老的初级感觉和运动区域相比，这些区域的进化历史较短。

我们的面容会随着年龄的增长而变化，我们的大脑也会如此改变。艺术家和计算机程序已经可以对一个 10 岁的孩子在 40 岁时的外表做出合理的预测。对于大脑随时间的变化也可以做出类似的预测。多模式核磁共振研究表明，在 3 岁到 20 岁，大脑确实发生了许多可预测的变化。例如，大脑皮质的表面积在 3 岁到 11 岁呈增长趋势，然后从青春期到青年期逐渐减少。大脑皮质的较高关联区域在出生后生长得最快，而不同的皮质亚部分则表现出彼此不同的发育轨迹。3 岁到 40 岁的大脑结构变化相对较大，因此很容易区分幼儿和成人的大脑。但由于很多变化都是相对可预测的，我们在衡量差异性时可以考虑到这些趋势。在这种情况下，基于核磁共振扫描预测，不同个体成人大脑之间的差异将远远大于某一个体大脑与其幼儿时期大脑之间的差异。[25] 这一观察表明，出生后的经历并不会对大脑皮质的基本神经解剖结构产生很大影响。

我们不知道人类的大脑为何如此多变。也许这是运气问题。偶然性贯穿了发育各阶段，不论是基因的开启关闭，还是神经干细胞是否能够再次分裂（见第 3 章）。同卵双胞胎大脑之间的一些差异可能是因为基因的协调表达有点草率，而其他差异可能是基因组随机产生的差异造成的。同卵双胞胎的 DNA 中有数千个由复制错误和突变事件引起的短序列差异。这些变化可能会影响许多基因的表达或功能。许多神经综合征的遗传率很高，这意味着当双胞胎中的一个患有这种综合征时，另一个通常也会患上这一综合征。然而，同卵双胞胎中可能会出现只有一个患上这种疾病，另一个却没有。遗传学家可以利用这些不一致的同卵双胞胎来研究其基因组，以找到那些在双胞胎之间恰好存在差异的罕见基因，这些基因可能与精神分裂症、自闭症、双相情感障碍等神经疾病以及各种躯体疾病有关。

人格与人脑

人的个性和性格各不相同。有些人比其他人更害羞，有些人更固执，有些人更富有同情心，有些人在社交上不受欢迎，有些人更为谨慎，还有一些人似乎乐于承担风险，等等。一个人的完整人格是由许多这样的属性组合而成的。对成人来说，其人格特征每年都很稳定，但脑损伤和神经退行性疾病可能会突然彻底地改变他们的人格。儿童和青少年的人格变化似乎更快。然而，纵向研究表明，当人们成年后，他们通常会朝着类似的方向发展。例如，与年轻时相比，大多数人逐渐变得随和，情绪更加稳定。

为了研究人格，一些英国和美国心理学家使用了多因素分析来确定五项特质分数，这些分数基本可以解释被测人员的人格类型差异。由于需要用语言回答问题，所以无法对婴儿进行此类测试。那么，如何评估新生儿是否有人格呢？婴儿有心理学家所说的"性情"，比如孩子是更容易分心还是更固执，是更容易冲动还是更克制，是胆怯还是胆大。人们认为，性情因素可以被视为五大人格特质的先兆。例如，对幼儿进行的纵向研究显示，从抑制到不抑制（有关谨慎、恐惧和避免陌生事物的评分）的评分中，"抑制"程度越高的婴儿长大后越容易变得内向。[26] 最近的一项研究测量了一月龄婴儿的活动模式，发现这些模式与性情存在相关性。[27]

有一首童谣说，星期三的孩子充满悲伤，星期五的孩子充满爱意。但性情的早期表现以及同卵双胞胎（甚至那些在出生时就分离的双胞胎）在成年后测试时往往比异卵双胞胎具有更为相似人格的事实，表明人格在某些方面应该具有遗传因素。然而，遗传学并不能解释同卵双胞胎的人格差异，这也是他们之间最大的差异之一。[28] 他们虽然看起来长得很像，但行动却完全不同。幼儿的性情只是人格的粗略指标，但不是严格的决定因素——许多随和的成人都曾是固执的婴儿。遗传性只占五大人格特质差异性的不到一半。将基因变化与人格特质相关联的基因组研究已经确定了数百种与人格特质相关的基因变异，但其中似乎并没有一个具有很强影响力的基因。如果说基因可以解释一部分人与人之间的人格差异，那么其余因素是什么呢？我们仍未了解人格的构成要素以及它们在我们大脑中实例化的方式，但非遗传性机制肯定涉及其中。

经历与剥夺

第 8 章讨论了胡贝尔和威塞尔的视觉剥夺实验，以及这一实验在出生后早期发育阶段的关键期对视觉皮质双眼性的影响。然而，即使是经验丰富的神经解剖学家，也无法轻易地区分先天性失明者和视力正常者的大脑。虽然没有宏观结构上的差异，但这并不意味着大脑在微观结构或功能连接性上没有差异。大脑的相同区域可能看起来非常相似，但对于不同的人却有着截然不同的功能。[29] 例如，先天性失明者的视觉皮质在用手指阅读盲文时会变得活跃，这在视力正常者的大脑中不会发生。盲人的视觉皮质在听到声音和语言时也是活跃的，而视力正常者的视觉皮质则几乎不会被听觉或体感输入激活。与这些观察结果一致的是一种使用"经颅磁刺激"技术的实验结果，在该实验中，受试者需要佩戴一个头盔，头盔上有几个可以短暂开启的电磁铁。这种磁脉冲会暂时扰乱人类特定皮质区域的神经活动，当它被应用到盲人的视觉皮质时，它会干扰他们的对话流，而对视力正常者则没有这样的影响。对失明儿童大脑的研究表明，他们的视觉皮质在 4 岁时就对语言反应良好。即使在刚出生时，视觉皮质似乎也可以对声音和触摸做出反应。在生命的最初几年，活跃的视觉输入消除或抑制了视力正常儿童的这些非视觉输入，而失明儿童则保持了这些非视觉输入。

先天性失明者的视觉皮质变化与成年后失明者的情况形成鲜明的对比，后者即使在失明几十年后，也无法在其"视觉"皮质中显示出对口语的反应。此外，当婴儿时期失明的人恢复视力后，他们的视力不如成年失明后视力恢复的人，这表明在早期发育阶段存在一段敏感期，此时失明者的视觉皮质逐渐稳定用于其他用途，而处理和传输视觉信息的能力则相对变弱。人们从这些发现中得出的结论是，视觉皮质并不仅用于"视觉"，它还可以处理其他有用信息。这一规则可能适用于大脑皮质的每个区域。我们可以将大脑皮质的不同区域视为不同的加工区域，而不是基于固定功能或感觉模式的区域。

然而，不可否认的是，布罗德曼第 17 区（也称初级视觉皮质，或 V1）从通常携带视觉信息的神经元接收到大量的轴突输入。视网膜的大部分输出信号会传入 V1 的神经通路。对于失明者来说，这种输入并不是由来自世界的场景激活的，因此它没有携带任何视觉信息。虽然视觉皮质被用于其他任务，但这种视觉体验的缺乏还是对 V1 的显微结构产生了显著的影响，导致其灰质厚度减少。失明者的 V1 在童年时期迅速变薄，此后无明显变化。不出预料，成年失明患者的视觉皮质 V1 区域不会变薄。作为抵消，先天性失明者大脑皮质的其他区域往往比视力正常者要厚，而且先天性失明者和视力正常者大脑皮质区域之间的功能连接也存在着许多差异。

工作于加州大学伯克利分校的玛丽安·戴蒙德（Marian Diamond，1926—2017）非常着迷于出生后的经历对大脑皮质微观结构的影响这一问题。她回忆，她第一次被这个问题吸引是因为唐纳德·赫布（见第 8 章）给她讲的一个故事。这个故事是这样的：

有一天，我带了一对小老鼠回家，作为宠物送给我的孩子们。它们叫威利和乔纳森（老鼠的名字，不是我的孩子的）。孩子们喜欢这些老鼠，老鼠也很喜欢我的孩子。威利和乔纳森在房子里奔跑，孩子们一直在和它们玩耍。我想，与那些还住在实验室笼子里的可怜兄弟姐妹相比，这些幸运的宠物鼠享受着丰富而有趣的生活。因此，我决定在一场迷宫比赛中让这些宠物鼠对抗它们在实验室饲养的兄弟姐妹。哪些老鼠会最快找到通往食物的路径？你猜对了。事实证明，实验室老鼠根本不是宠物老鼠的对手。

当戴蒙德听到这个故事并与其同事交谈后，他们决定尝试使用受控的科学方法重复赫布的老鼠实验。他们把幼鼠放在两种笼子里：一种是装满玩具的"丰富笼子"，里面住着

12 只大鼠；另一种是"贫乏笼子"，里面没有其他大鼠，也没有玩具。几个月后，这些大鼠在实验室的迷宫中进行了测试，正如赫布关于宠物老鼠的故事所预测的那样，在丰富笼子里成长的大鼠表现得更好。戴蒙德随后在显微镜下观察了丰富大鼠和贫乏大鼠的大脑。她发现贫乏大鼠的大脑皮质有很多区域的厚度明显减小。[30] 虽然平均降幅仅为 6%，但在动物的大脑皮质大片区域中基本一致。在显微镜下，丰富大鼠的大脑皮质神经元较大、树突较长、突触增多、神经胶质细胞较多。丰富的环境也促进了皮质的血管化，有助于向神经元输送氧气和营养物质。戴蒙德发现，将任意年龄的大鼠放置于丰富环境中，在几天后都能发现皮质结构的变化，但在 60—90 天大的大鼠中效果最佳。这是一个由突触的缺失来主导突触的形成的正常发育时期，而丰富的环境可以通过增加新的和活跃的突触的稳定性来抵消这种下降趋势。

最近有关环境丰富化对大脑结构和功能影响的研究表明，丰富的环境可以使大脑在面对损伤、年龄和某些痴呆症时具有更强的抵抗力。环境匮乏的影响机制可能涉及突触减弱和消除策略，而环境丰富的影响机制则涉及突触加强和维持策略。丰富的经验可以保留并丰富其所涉及大脑皮质区域神经元之间的连接。因此，人们预测，同卵双胞胎大脑中皮质厚度的差异应该来自他们在世界上的不同经历。例如，在同一个家庭长大的双胞胎，其中一个一直在练习钢琴，变得非常熟练，而另一个在孩提时代就停止了练习。虽然样本量不大，但对这类同卵双胞胎的大脑进行的核磁共振成像研究表明，擅长音乐的那些双胞胎之一，其大脑皮质听觉－运动区域的皮质更厚。[31] 虽然缺乏练习会导致某些皮质区域厚度的相对减少，但人们目前还不清楚丰富的环境和长期练习是可以帮助构建相应的大脑区域还是仅仅防止其缩小，也不太清楚大脑皮质大部分区域发育的时程或敏感期。这些都将是未来发育神经科学家所面临的挑战。

总而言之，人类和其他物种在心理功能上既有许多相似之处，也有许多不同之处，因为我们的大脑在很多方面既相似又不同。所有脊椎动物的大脑都是由相同种类的细胞组成的，具有相同的构建蓝图，但随着进化时间的推移，大脑不同区域的相对扩张、分区和收缩，产生了种类数量与脊椎动物物种数量一样多的不同脊椎动物大脑。人类大脑最独特的特征是大脑皮质扩展的大小和厚度，而大脑皮质已经成为人类大脑的主要神经结构，至少在解剖学上是如此。它具有专门的功能回路，具有高度的区域性，是进行高级信息处理的地方。例如，语言是人类拥有的特殊交流形式，与我们的灵长类近亲的相应区域相比，我们大脑皮质的语言区域特别大。人脑的另一个特征是在皮质偏侧化、折叠模式、区域大小和皮质各区域灰质厚度方面存在显著的个体差异。大脑的这种差异性与人格、认知功能以及对各种神经和精神综合征的易感性相关，部分是由遗传差异造成的。而包括子宫内状况、随机影响、早期养育和童年经历在内的其他因素，也塑造了我们的大脑。最后，在儿童时期以后，大脑将继续通过修改突触来不断进行改变和更新。人类大脑的进化史体现在基因组中，但每个大脑的独特性却体现在它独特且不断变化的突触回路中。这些让我们成为人类的因素也让我们成为独一无二的自己。从出生的那一刻起，每个人的身体和大脑就与他人不同，而随着我们的身体和大脑最终在子宫之外完成塑造，并融入我们在世界上的个人经历，这些差异也越来越大。作为人类，我们可以对提供这种经验的环境加以控制，因此我提出一个发人深省，又或许是令人欣慰的思考：我们在塑造大脑这一对我们人类身份至关重要的器官的结构、功能和健康方面具有一定的能动性。

致　谢

　　我衷心感谢丹·萨内斯、汤姆·雷和马蒂亚斯·兰德格拉夫的支持，他们与我合著了教科书《神经系统的发育》的一些版本，这也成为本书的起点。还有许多朋友对本书文稿提出了有益的建议，也谢谢你们：玛丽戈德·阿克兰、大卫·班布里奇、迈克尔·贝特、约翰·比克斯比、约瓦娜·德林贾科维奇·弗雷泽、帕特里夏·法拉、丹尼尔·菲尔德、弗雷德·哈里斯、鲍勃·戈尔茨坦、杰夫·哈里斯、西蒙·克尔斯、克里斯·金纳、罗伯特·克雷普卡、吉勒斯·洛朗、约瑟夫·马歇尔、乔什·桑尼斯、道恩·斯科特、保罗·斯奈德曼、迈克尔·斯特莱克和冈特·瓦格纳。我还想感谢我在剑桥大学克莱尔学院 2020—2021 第 1B 部分主管，以及我的妻子克莉丝汀·霍尔特。本书所有问题仅由本人负责。

注　释

前　言

1. E. 狄金森。1960。《艾米莉·狄金森全集》。T. H. 约翰逊（编辑）。波士顿：小布朗公司。第 1 部分，编号 126。

2. S. B. 卡罗尔。2011。《无尽的形式最美丽：埃沃·德沃的新科学和动物王国的建立》。伦敦：克尔库斯。

第 1 章

1. W. 鲁克斯。1888。114：113-153，译于 B. 惠蒂尔帖和 J. M. 奥本海默（编辑）。1974。《实验胚胎学基础》。纽约：哈夫纳出版社，第 2-37 页。

2. H. 德里施。1891。53：160-184。译于 B. H. 威利尔和 J.

M. 奥本海默（编辑）。1974。"前两个分裂细胞在棘皮动物发育中的作用：部分和双重形成的实验生产"，《实验胚胎学基础》。纽约：麦克米兰，第38-50页。

3. H. 斯佩曼。1903.16：551-631。H. 斯佩曼。1938。《胚胎发育和诱导》。康涅狄格州纽黑文：耶鲁大学出版社。

4. A. K. 塔拉科夫斯基。1959。《小鼠卵子分离卵泡发育的实验》。自然，84：1286-1287。

5. W. B. 克里斯坦，Jr。2016。《神经元的早期进化》，当代生物学26：R949-R954。D. 阿伦特。2021，《初级神经系统》，哲学皇家学会生物科学，376：20200347，M. G. 保林和J. 卡希尔·雷恩。2021，《早期神经系统进化中的事件》。顶级认知科学，13：25-44。

6. S. M. 苏里亚纳拉亚纳、B. 罗伯逊、P. 瓦伦和S. 格林耐。2017.《七鳃鳗为哺乳动物多层皮质提供蓝图》。当代生物，27：3264-3277。

7. H. 斯佩曼。1918。 43：448-555。

8. 见H. 斯佩曼和H. 曼戈尔德。1924。《通过植入不同物种的组织物诱导胚胎原基》。译于发育生物学杂志，45：13-38.（2001）。

9. H. 斯佩曼。1935。诺贝尔奖演讲。https://www.nobelprize.org/prizes/medicine/1935/spemann/lecture/.

10. J. 霍尔特弗雷特和V. 汉堡。1955。《两栖动物》，收录于 B. H. 威利尔、P. 韦斯和 V. 汉堡（编辑）《发育分析》。费城：桑德斯，第 230-396 页。

11. W. C. 史密斯和 R. M. 哈兰德。1992。《非洲爪蟾胚胎中定位于斯佩曼组织者的新背侧化因子：头蛋白的表达克隆》。细胞，70：829-840。

12. A. 赫马蒂·布里瓦卢和 D. A. 梅尔顿。1994。《激活素受体信号传导抑制促进爪蟾神经化》。细胞，77：273-281。

13. M. Z. 奥扎尔、C. 金特纳和 A. 赫马蒂·布里瓦卢。2013。《脊椎动物的神经诱导和早期模式》。威利跨学科发育生物学，2：479-498。

14. V. 弗朗索瓦和 E. 比尔。《爪蟾索蛋白和果蝇短胃化基因编码在背腹轴形成中起作用的同源蛋白质》。细胞，80：19-20。

15. J. B. 格登、T. R. 埃尔斯代尔和 M. 菲施贝格。1958。《单体细胞核移植非洲爪蟾性成熟个体》。自然，182：64-65。

16. K. 埃根、K. 鲍德温、M. 塔克特、J. 奥斯本、J. 戈果斯、A. 柴思、R. 阿克塞尔和 R. 叶尼希。2004。《从嗅觉神经元克隆的小鼠》。自然，428：44-49。

17. M. 永乐、N. 高田、H. 石桥、T. 安达和 Y. 筱井。2011。《三维文化中的自组织光学杯形态发生》。自然，472：51-58。K. 六车和 Y. 筱井。2012。《利用胚胎干细胞进行神经发育的体外总结：从神经发生到组织发生》。发育生长与分化，54：

349–357。

18. M. A. 兰开斯特，N. S. 科西尼，S. 沃尔芬格，E. H. 古斯塔夫森，A. W. 菲利普斯，T. R. 伯卡德、T. 大谷、F. J. 利弗西和 J. A. 诺布利希。2017。《人类大脑器官的引导性自我组织和皮质板形成》。自然生物技术，35：659–666。

第2章

1. 参见 https://www.uclh.nhs.uk/patients-and-visitors/patient-information-pages/management-fetal-spina-bifida。

2. S. J. 古尔德。1977。《个体发育和系统发育》。马萨诸塞州剑桥：哈佛大学出版社。

3. R. P. 埃林森。1987。《发育模式的变化：两栖动物的胚胎与大卵》。收录于 R. A. 拉夫和 E. C. 拉夫（编辑）。《发育是一个进化过程》。纽约：利斯，第1–21页。D. 迪布勒。1994。《时间共线性和叶型进化：脊椎动物蓝图稳定性的基础和异时性形态学进化》。发育进展，1994：135–142。

4. N. 霍姆格伦。1925。《关于高等脊椎动物前脑形态学的观点》。动物学报，6：413–477。

5. J. 卡斯和 C. 柯林斯。2001。《大脑部位大小的可变性》。行为脑科学，24：288–290。

6. M. 麦考恩，S. L. 布鲁萨特，T. E. 威廉姆森，J. A. 施瓦

布，T. D. 卡尔，I. B. 巴特勒，A. 缪尔等人。2020。《霸王龙发育成巨大体型时的神经感觉和鼻窦进化：从希氏虐龙的颅内解剖进行透视》。解剖记录进展，303：1043-1059。

7. E. B. 刘易斯。1957。《白血病与电离辐射》。科学，125：965-972。

8. E. B. 刘易斯。1978。《控制果蝇分割的基因复合体》。自然，276：565-570。

9. J. J. 斯图尔特、S. J. 布朗、R. W. 比曼和 R. E. 德内尔。1991。《甲壳虫部落的同源情结缺失》。自然，350：72-74。

10. T. A. 提斯菲尔德，T. M. 博斯利，M. A. 萨利赫，A. I. 阿洛莱尼，E. C. 塞纳，M. J. 内斯特，D. T. 奥斯提克等人。2005。《纯合子 HOXA1 突变破坏人类大脑、内耳、心血管和认知发育》。自然遗传学，37：1035-1037。

11. P. D. 尼乌科普。1952。《两栖动物中枢神经系统的激活和组织。第三部分：新工作假设的合成》。实验动物杂志，120：83-108。

12. C. 诺尔特、B. 德库马尔和 R. 克鲁姆洛夫。2019。《同源基因：脊椎动物胚胎发生中维甲酸信号的下游"感染者"》。创世记，57：7-8。

13. E. 威斯肖、C. 努斯莱因·沃尔哈德和 G. 尤尔根。198。《黑腹果蝇幼虫表皮模式的突变：Ⅲ.X 染色体和第四染色体上的合子位点》。威廉·罗斯的发育生物学档案，193：296-307。

G. 尤尔根、E. 威斯肖、C. 努斯莱因·沃尔哈德和 H. 克鲁丁。1984。《黑腹果蝇幼虫表皮模式的突变：第二、第三染色体上的合子位点》。威廉·罗斯的发育生物学档案，193：283-295，C. 努斯莱因·沃尔哈德、E. 威斯肖和 H. 克鲁丁。1984。《黑腹果蝇幼虫表皮模式的突变：第一部分，第二染色体上的合子位点》。威廉·罗斯的发育生物学档案，193：267-282。

14. J. 布里斯科、A. 皮耶拉尼、T. M. 杰塞尔和 J. A. 埃里克森。2000。《同源蛋白质编码指定腹神经管中的祖细胞身份和神经命运》。细胞，101：435-445。

15. L. J. 沃尔伯特。1969。《细胞分化的位置信息和空间模式》。理论生物学，25：1-47。

16. R. 努斯、A. 瓦努延、D. 考克斯、Y. K. 冯和 H. 瓦尔姆斯。1984。《小鼠 15 号染色体上推定乳腺癌基因（int-1）的前体激活模式》。自然，307：131-136。

17. D. 阿伦特、A. S. 丹尼斯、G. 杰凯利和 K. 泰斯玛·雷布尔。2008 年，《神经系统中心化的演变》。哲学皇家学会生物科学，363：1523-1528。

18. M. K. 库珀、J. A. 波特、K. E. 杨和 P. A. 比奇。1998，《致畸剂介导的抑制目标组织对 Shh 信号的反应》。科学，280：1603-1607。

19. W. J. 格林。1996《眼睛形态发生和进化的主控基因》。基因细胞，1：11-15。W. J. 格林。2014。《视力的演变》。跨学科发育生物学，3：1-40。

20. M. E. 朱柏、G. 加斯垂、A. S. 维茨安、G. 巴尔萨基和 W. A. 哈里斯。2003《眼区转录因子网络对脊椎动物眼睛的规范》。发育，130：5155-5167。

21. K. 布罗德曼。1909。

第3章

1. M. 弗洛里奥和 W. B. 赫特纳。2014。《神经祖细胞、神经发生和新皮质的进化》。发育，141：2182-2194。J. H. 刘、D. V. 汉森和 A. R. 克里格斯坦。2011。《人类新皮质的发育和进化》。细胞，146：18-36。

2. T. 大谷，M. C. 马切托，F. H. 盖奇，B. D. 西蒙斯和 F. J. 利弗西。2016。《灵长类皮质发育的 2D 和 3D 干细胞模型确定了影响大脑大小的先辈行为的物种特异性差异》。细胞干细胞，18：467-480。

3. V. C. 特威蒂。1966。《科学家和火蜥蜴》。旧金山：W. H. 弗里曼。

4. J. E. 苏斯顿、E. 席伦贝格、J. G. 怀特和 J. N. 汤姆森。1983。《秀丽隐杆线虫的胚胎细胞谱系》。发育生物学，100：64-119。J. E. 苏斯顿和 H. R. 霍维茨。1977。《秀丽隐杆线虫胚胎后细胞谱系》。发育生物学，56：110-156。

5. J. 何、G. 张、A. D. 阿尔梅达、M. 卡尤特、B. D. 西蒙斯和 W. A. 哈里斯。2012。《可变克隆如何构建不变视网膜》。神经元，75：786-798。

6. D. 摩根。2006。《细胞周期：控制原理》。牛津：牛津大学出版社。

7. O. 瓦尔堡。1956。《癌症细胞起源》。科学，123：309-14。

8. M. E. 朱伯、M. 佩伦、A. 菲尔波特、A. 邦和 W. A. 哈里斯。1999。《XOptx2 过度表达导致非洲爪蟾巨眼》。细胞，98：341-352。

9. G. K. 桑顿和 C. G. 伍兹。2009。《原发性小头畸形：条条大路通罗马？》。基因株进展，25：501-510。

10. J. B. 安杰文和 R. L. 西德曼。1961。《小鼠大脑皮质组织发生过程中细胞迁移的放射自显影研究》。自然，192：766-768。

11. D. S. 莱斯和 T. 库伦。2001。《络丝蛋白信号通路在中枢神经系统发育中的作用》。神经科学年鉴，24：1005-1039。

12. K. L. 斯波尔丁，R. D. 巴德瓦杰，B. A. 布赫霍尔茨，H. 德鲁伊和 J. 弗里森。2005。《人类细胞形成日期的回顾》。细胞，122：133-143。

13. A. J. 费希尔、J. L. 博塞和 H. M. 埃尔·霍迪里。2013。《脊椎动物眼睛发育和再生中的纤毛边缘区（CMZ）》。实验眼研究，116：199-204。

14. J. 奥尔特曼。1962。《成年哺乳动物大脑中是否会形成新神经元？》。科学，135：1127-1128。

15. G. 坎佩曼，F. G. 盖奇，L. 艾格纳，H. 宋，M. A. 柯蒂斯，S. 图雷特，H. G. 库恩等人。2018。《成人神经发生：证据和剩余问题》。细胞干细胞，23：25-30。

第 4 章

1. H. 曾和 J. R. 萨内斯。2017。《神经细胞类型分类：挑战、机遇和前进道路》。国家神经科学评论，18：530-546。

2. F. 希梅内兹和 J. A. 坎普斯·奥尔特加。1979。《中枢神经系统发育所需的果蝇基因组区域》。自然，282：310-312。

3. R. L. 戴维斯、H. 温特劳布和 A. B. 拉萨尔。1987。《单个转染 cDNA 的表达将成纤维细胞转化为成肌细胞》。细胞，51：987-1000。

4. S. 拉蒙·卡哈尔。1989。《我的生活回忆》。马萨诸塞州剑桥：麻省理工学院出版社。

5. C. S. 谢林顿。1906。《神经系统的整合作用》。牛津：牛津大学出版社。

6. S. 拉蒙·卡哈尔。1995。《人类和脊椎动物神经系统组织学》（由尼利·斯旺森和拉里·W. 斯旺森译自法语）。牛津：

牛津大学出版社。

7. 拉蒙·卡哈尔。《我的生活回忆》。

8. J. 刘和 J. R. 萨内斯。2017。《感知颜色对比度和心室运动的视网膜细胞类型中树突状形态发生的细胞和分子分析》。神经科学杂志，37：12247-12262。

9. 参见 https：//en.wikipedia.org/wiki/Sydney_Brenner。

10. D. F. 雷迪、T. E. 汉森和 S. 本泽。1976。《果蝇视网膜的发育：神经晶体晶格》。发育生物学，53：217-240。

11. T. M. 杰塞尔。2000。《脊髓中的神经规范：感应信号和转录代码》。自然评论遗传学，1：20-29。

12. N. 勒·杜阿林。1980。《神经嵴细胞的迁移和分化》。当代发育生物学，16：31-85。

13. J. I. 约翰森、C. 迪贝里和 M. 威克斯特罗姆。2019。《神经母细胞瘤——神经嵴源性胚胎恶性肿瘤》。分子神经科学前沿，12：9。

14. C. Q. 多伊。2017。《果蝇中枢神经系统的时间模式》。细胞发育生物学年鉴，33：219-240。

15. S. K. 麦康奈尔。1991。《中枢神经系统中神经多样性的产生》。神经科学年鉴，14：269-300。

16. C. H. 沃丁顿。1956。《胚胎学原理》。伦敦：乔治·艾伦与昂温出版社。

17. P. M. 斯莫尔伍德、Y. 王和 J. 纳桑斯。2002。《基因座控制区在人类红锥和绿锥色素基因互斥表达中的作用》。美国国家科学院学报，99：1008-1011。

18. M. 佩里、M. 木下、G. 萨尔迪、L. 霍、K. 有川和 C. 德斯普兰。2016。《三向随机选择扩展蝴蝶颜色视觉的分子逻辑》。自然，535：280-284。

19. K. 山川、Y. K. 霍特、M. A. 海德尔特、R. 休伯特、X. N. 陈、G. E. 里昂和 J. R. 科伦伯格。1998。《DSCAM：唐氏综合征区域免疫球蛋白超家族图谱的新成员参与神经系统的发育》。人类分子遗传学，7：227-237。

20. D. 施穆克尔、J. C. 克莱门斯、H. 舒、C. A. 沃比、J. 肖、M. 穆达、J. E. 狄克逊和 S. L. 齐普尔斯基。2000。《果蝇 DSCAM 是一种显示非凡分子多样性的轴突导向受体》。细胞，101：671-684。

21. W. V. 陈和 T. 马尼亚蒂斯。2013。《簇状原钙黏蛋白》。发育，140：3297-3302。

22. X. 段、A. 克里希纳斯瓦米、I. 德拉赫特和 J. R. 萨内斯。2014。《方向选择性视网膜回路的 Ⅱ 型钙粘导引组件》。细胞，158(4)：793-807。

第 5 章

1. R. 哈里森。1910。《神经纤维的生长作为原生质运动模式》。实验学报，9：787-846。

2. R. G. 哈里森。1907。《活体发育中神经纤维的观察》。实验生物学与医学学会会刊，4：140-143。

3. S. 拉蒙·卡哈尔。1989。《我的生活回忆》。马萨诸塞州剑桥：麻省理工学院出版社。

4. 拉蒙·卡哈尔。《我的生活回忆》。

5. C. M. 贝特。1976。《昆虫胚胎中的先驱神经元》。自然，260：54-56。

6. D. 本特利和 M. 考迪。1983。《选择性杀死路标细胞后先驱轴突失去定向生长》。自然，304：62-65。

7. C. S. 古德曼、C. M. 贝特和 N. C. 斯皮策。1981。《已识别神经元的胚胎发育：H 细胞的起源和转化》。神经科学杂志，1：94-102。M. 贝特、C. S. 古德曼和 N. C. 斯皮策。1981。《已识别神经元的胚胎发育：H 细胞同源物中的片段特异性差异》。神经科学杂志，1：103-106。

8. J. A. 雷珀、M. J. 巴斯蒂亚尼和 C. S. 古德曼。1984.《蝗虫胚胎中神经生长锥的路径发现（四）：消融 A 轴和 P 轴对 G 生长锥行为的影响》。神经科学杂志，4：2329-2345，M. J. 巴斯蒂亚尼，J. A. 雷珀和 C. S. 古德曼。1984.《蝗虫胚胎中神经生长锥的路径发现（三）：G 生长锥对 A/P 筋膜内 P 细胞的选择性亲和力》。神经科学杂志，4：2311-2328。J. A. 雷珀、M. J. 巴斯蒂亚尼和 C. S. 古德曼。1983。《蝗虫胚胎中神经生长锥的路径发现（二）：特定轴突通路上的选择性分支》。神经科学杂志，3：31-41。J. A. 雷珀、M. J. 巴斯蒂亚尼和 C. S. 古德曼。1983。《蝗虫胚胎中神经生长锥的路径发现（一）：兄弟神经元生长锥的不同选择》。神经科学杂志，3：20-30。

9. W. A. 哈里斯。1986。《胚胎脊椎动物大脑中轴突的归位行为》。自然，320：266-269。

10. J. S. 泰勒。1990。《非洲爪蟾视网膜轴向手术转位体的定向生长：视网膜神经节细胞的归巢行为检查》。发育，108：147-158。

11. E. 希伯德。1965。《来自复制前庭神经根的莫特纳细胞轴突的定向和定向生长》。实验神经学，13：289-301。

12. W. A. 哈里斯。1989。《胚胎爪蟾脑中神经上皮引导视网膜轴的局部位置线索》。自然，339：218-221。

13. A. G. 拉姆斯登和 A. M. 戴维斯。1986。《发育中哺乳动物神经系统中特定目标上皮的趋化效应》。自然，323：538-539。

14. E. M. 赫奇科克、J. G. 库洛蒂和 D. H. 霍尔。1990。《unc-5、unc-6 和 unc-40 基因指导秀丽线虫表皮上先驱轴突和中胚层细胞的周向迁移》。神经元，4：61-85。

15. T. E. 肯尼迪、T. 塞拉菲尼、J. R. 德拉托雷和 M. 泰西尔·拉维尼。1994。《内脏是胚胎脊髓中连合轴的双溶性趋化因子》。细胞，78：425-435。

16. A. 梅内雷特，E. A. 弗兰兹，O. 特鲁亚尔，T. C. 奥利弗，Y. 扎加，S. P. 罗伯逊，Q. 韦尔尼亚兹等人。2017。《Netrin-1基因突变导致先天性后视镜运动》。临床研究杂志，127：3923-3936。

17. Y. 罗，D. 赖布尔和 J. A. 雷珀。1993。《神经抑制因子：大脑中一种导致神经生长锥塌陷和瘫痪的蛋白质》。细胞，75：217-227。

18. M. 戈拉和 G. J. 巴沙夫。2020。《中线调控轴突反应的分子机制》。发育生物学，466：12-21。

19. W. A. 哈里斯、C. E. 霍尔特和 F. 邦霍弗。1987。《有或无体细胞的视网膜轴在非洲爪蟾胚胎的顶盖中生长和树突化：体内单纤维的延时视频研究》。发育，101：123-133。

20. C. E. 霍尔特、K. C. 马丁和 E. M. 舒曼。2019。《神经元的局部翻译：可视化和功能》。自然结构分子生物学，26（7）：557-566。

21. 拉蒙·卡哈尔。《我的生活回忆》。

22. 参见 https：//www.themiamiproject.org。

第 6 章

1. R. W. 斯佩里。1945。《神经再生和肌肉移位后的中枢神经重组问题》。生物学评论，20：311-69。

2. C. 兰斯·琼斯和 L. J. 兰德梅瑟。1980。《脊髓早期部分逆转后雏鸡后肢运动神经元投射模式》。生理学杂志，302：581-602。

3. R. W. 斯佩里。1943。《视网膜场 180 度旋转对视觉协调的影响》，实验动物杂志，92：263-279。

4. R. W. 斯佩里。1943。《神经纤维模式和连接有序生长的化学亲和力》。美国国家科学院学报，50：703-710。

5. C. E. 霍尔特。1984。《轴突生长时间是否会影响爪蟾的初始视网膜顶盖地形图？》。神经科学杂志，4：1130-1152。

6. J. 沃尔特、S. 亨克·法勒和 F. 邦霍弗。1987。《通过颞视网膜轴避免后表皮膜》。发育 101：909-913。J. 沃尔特、B. 克恩·维茨、J. 霍夫、B. 斯托尔泽和 F. 邦霍弗。1987。《体外通过视网膜轴识别表皮细胞膜的位置特异性》。发育，101：685-696。U. 德雷舍尔、C. 克雷莫瑟、C. 海德韦克、J. 洛辛格、M. 野田和 F. 邦霍弗。1995。《RAGS 对视网膜神经节细胞轴突的体外指导，一种与 Eph 受体酪氨酸激酶配体相关的 25kDa Tectal 蛋白》。细胞，82：359-370。

7. H. J. 程、M. 中本、A. D. 贝格曼和 J. G. 弗拉纳根。1995。《地形视网膜顶盖投影图绘制中 ELF-1 和 Mek4 表达和结合的互补梯度》。细胞，82：371-381。

8. J. R. 萨内斯和 S. L. 齐普尔斯基。2020。《突触特异性、识别分子和神经电路组装》。细胞，181：536-556。

9. F. 安戈、G. 迪克里斯托、H. 东山、V. 贝内特、P. 吴和 Z. J. 黄。2004。《神经筋膜蛋白（一种免疫球蛋白家族蛋白）基于锚蛋白的亚细胞梯度在浦肯野轴突起始段指导 GABA 能神经支配》。细胞，119：257–272。

10. J. R. 萨内斯和 J. W. 利希曼。1999。《脊椎动物神经肌肉接头的发展》。神经科学年鉴，22：389–442。

11. J. E. 沃恩、C. K. 亨利克森和 J. 格里沙伯。1974。《发育中小鼠脊髓运动神经元树突状生长锥突触的定量研究》。细胞生物学杂志，60：664–672。

12. Y. H. 武夫、S. A. 舒斯特、L. 江、M. C. 胡、D. J. 卢金布尔、T. 吕里奇、X. 康特拉斯等人。2021。《Glud2 和 Cbln1 介导的竞争性相互作用形成小脑浦肯野细胞的树突枝干》。神经元，109：629–644。

13. F. W. 普弗里格和 B. A. 巴雷斯。1997。《体外胶质细胞增强突触效能》。科学，277：1684–1687。

14. B. 巴雷斯。2018。《一位跨性别科学家的自传》。马萨诸塞州剑桥：麻省理工学院出版社。

15. W. A. 哈里斯。1984。《缺乏正常通路和冲动活动的轴突路径发现》。神经科学杂志，4：1153–1162。P. R. 希辛格、R. G. 翟、Y. 周、T. W. 科赫、S. Q. 梅塔、K. L. 舒尔茨、Y. 曹等人。2006。《果蝇视觉地图中突触伙伴的活动独立性预指定》。现代生物学，16：1835–1843。

第 7 章

1. R. R. 巴斯、W. 孙和 R. W. 奥本海姆。2006。《神经系统发育过程中程序性细胞死亡的适应性作用》。神经科学年鉴，29：1-35。R. W. 奥本海姆。1991。《神经系统发育过程中的细胞死亡》。神经科学年鉴，14：453-501。

2. J. E. 苏斯顿和 H. R. 霍维茨。1977。《秀丽隐杆线虫胚胎后细胞谱系》。发育生物学，56：110-156。

3. P. O. 卡诺德和 H. J. 卢曼。2010。《亚极板和早期皮质回路》。神经科学年鉴，33：23-48。M. 里瓦，I. 杰内斯库，C. 哈伯马赫，D. 奥杜斯，F. 莱登，F. M. 里杰利，G. 洛佩斯·本迪托等人。2019。《临时性 Cajal-Retzius 神经元的活动依赖性死亡是功能性皮质布线所必需的》。Elife，31：8。

4. V. 汉堡。1952。《神经系统的发展》，纽约科学院年鉴，55：117-132。

5. R. 利维·蒙塔西尼和 G. 利维。1944。，8：527-568。

6. V. 汉堡和 R. 利维 - 蒙塔西尼。1949。《正常和实验条件下鸡胚脊神经节的增殖、分化和变性》。实验动物杂志，111：457-502。

7. M. 霍利迪和 V. 汉堡。1976。《周边扩大减少自然发生的运动神经元丢失》。比较神经学杂志，170：311-320。

8. S. 科恩、R. 利维·蒙塔西尼和 V. 汉堡。1954。《从肉瘤 37 和 180 中分离出的神经生长刺激因子》。美国国家科学院学报，40：1014-1018。

9. S. 科恩和 R. 利维 – 蒙塔西尼。1956。《从蛇毒中分离出的神经生长刺激因子》，美国国家科学院学报，42：571-574。

10. W. M. 科恩。2001。《维克托·汉堡和丽塔·利维·蒙塔西尼：发现神经生长因子的途径》。神经科学年鉴，24：551-600。

11. H. M. 埃利斯和 H. R. 霍维茨。1986。《线虫程序性细胞死亡的遗传控制》。细胞，44：817-829。

12. C. 拉夫。1992。《细胞存活和死亡的社会控制》。自然，356：397-400。

13. R. 利维 – 蒙塔西尼。1948。《根除耳囊对鸡胚声中枢发育的影响》，瑞士医学周刊，78：412。

14. I. 贡萨尔维兹、R. 巴罗、P. 弗里德、E. 圣塔尔内基和 A. 帕斯科尔·利昂。2017。《阿尔茨海默病的治疗性非侵入性脑刺激》。现代阿尔茨海默氏病研究，14：362-376。D. S. 徐和 F. A. 庞斯。2017。《阿尔茨海默病的脑深部刺激》。现代阿尔茨海默氏病研究，14：356-361。

15. M. 迪纳沙、G. 内维斯、J. 伯隆和 V. 帕克尼斯。2018。《皮质发育过程中中间神经元凋亡的稳态调节》。实验神经科学杂志，5：12。F. K. 王和 O. 马林。2019。《大脑皮质发育性细胞死亡》。细胞发育生物学年鉴，35：523-542。

第 8 章

1. S. S. 弗里曼、A. G. 恩格尔和 D. B. 德拉克曼。1976。《实验性乙酰胆碱阻断神经肌肉接头：对终板和肌纤维超微结构的影响》。美国科学院年鉴，274：46-59。E. M. 卡拉韦和 D. C. 范埃森。1989。《新生兔比目鱼肌 α - 邦戈毒素超融合减慢突触消除》。发育生物学，131：356-365。

2. D. H. 胡贝尔和 T. N. 威塞尔。1977。《费里尔讲座：猕猴视觉皮质的功能结构》。社会科学与生物科学学报，198：1-59。

3. E. I. 克努森。1999。《谷仓猫头鹰听觉定位路径中经验依赖性可塑性的机制》。比较生理学杂志 A，185：305-321。

4. K. 洛伦茨。1935。83：137-215。

5. N. T. 伯利。2006。《细节之眼：斑马雀选择性性印刻》。进化，60：1076-1085。

6. D. O. 赫布。1949。《行为组织》。纽约：威利父子出版社，第 62 页。

7. M. 梅斯特、R. O. 黄、D. A. 贝勒和 C. J. 沙茨。1991。《发育中哺乳动物视网膜神经节细胞的动作电位同步爆发》。科学，252：939-943。

8. C. J. 沙茨。1996。《视觉系统开发中秩序的出现》。美国国家科学院学报，93：602-8。

9. L. A. 柯克比、G. S. 沙克、A. 菲尔和 M. B. 费勒。2013。《神经回路组装中相关自发活动的作用》。神经元，80：1129–1144。

10. L. 格吕克。1996。《牧场》。新泽西州霍普韦尔：埃科出版社，第 43 页。

11. J. S. 埃斯皮诺萨和 M. P. 史崔克。2012。《初级视觉皮质的发育和可塑性》。神经元，75：230–249。

12. L. I. 张、H. W. 陶、C. E. 霍尔特、W. A. 哈里斯和 M. 普尔。1998。《发育中的视网膜顶盖突触之间合作与竞争的关键窗口》。自然，395：37–44。

第 9 章

1. G. 斯特里德。2004。《大脑进化原理》。马萨诸塞州桑德兰市：西纳埃尔。

2. A. A. 波利洛夫。2012。《最小昆虫进化无核神经元》。节肢动物结构发育，41：29–34。

3. D. C. 范埃森、C. J. 多纳休、T. S. 科尔森、H. 肯尼迪、T. 林和 M. F. 格拉塞尔。2019。《人类、非人类灵长类和小鼠的大脑皮质折叠、分裂和连接》。美国国家科学院院刊，116：26173–26180。D. C. 范埃森、C. J. 多纳休和 M. F. 格拉塞尔。2018。《大脑和小脑皮质的发育和进化》。大脑行为进化，

91：158-169。

4. M. L. 李、H. 唐、Y. 邵、M. S. 王、H. B. 徐、S. 王、D. M. 欧文等人。2020。《人类大脑发育过程中表达轨迹的演变和过渡》。BMC 进化生物学，20：72。

5. S. 贝尼托·奎辛斯基、S. L. 詹多梅尼科、M. 萨克利夫、E. S. 里斯、P. 弗雷普里切特、I. 凯拉瓦、S. 文德利希等人。2021。《早期细胞形状转变驱动人类前脑的进化扩展》。细胞，184：2084-2102。

6. A. 列夫琴科、A. 卡纳平、A. 萨姆索诺娃和 R. R. 盖涅丁诺夫。2018。《进化背景下的人类加速区域和其他人类特定序列变异及其对大脑发育的相关性》。基因组生物学进化，10：166-188。

7. C. A. 特鲁希洛、E. S. 莱斯、N. K. 谢弗、I. A. 哈伊姆、E. C. 惠勒、A. A. 马锥可、J. 布坎南等人。2021。《在皮质类器官中重新引入 NOVA1 的古老变体改变神经发育》。科学，371：eaax2537。

8. P. 布罗卡。1861。，2：235-238，译于 E. A. 贝尔克、A. H. 贝尔克和 A. 史密斯。1986。《第三左额叶卷曲中的语言定位》。神经学档案，43：1065-1072。

9. P. 布罗卡。1861。36：398-407。

10. C. 韦尼克。1874。布雷斯劳：马克斯·科恩和韦格特出版社。

11. J. 李、D. E. 奥斯、H. A. 汉森和 Z. M. 赛金。2020。《天生的连接模式推动视觉单词形式领域的发展》。科学代表，10：18039。C. S. 拉伊、S. E. 费希尔、J. A. 赫斯特、F. 瓦尔加·卡德姆和 A. P. 摩纳哥。2001。《严重言语和语言障碍患者的叉脑区基因突变》。自然，413：519–523。

12. M. 克、A. G. 安德森和 G. 克那普卡。2020。《脊椎动物大脑发育、功能和疾病中的 FOXP 转录因子》。威利跨学科发育生物学，9：e375。

13. W. 埃纳尔、S. 格雷、K. 哈默施密特、S. M. 霍尔特、T. 布拉斯、M. 索梅尔、M. K. 布吕克纳等人。2009。《Foxp2 对小鼠皮质 – 基底神经节回路的人化版本》。细胞，137：961–971。

14. J. 丹霍德和 S. E. 费希尔。2020。《人类言语障碍的遗传途径》。当代基因发展，65：103–111。

15. J. 丹霍德和 S. E. 费希尔。2020。《人类言语障碍的遗传径》。当代基因发展，65：103–111。

16. S. 柯蒂斯。1977。《吉妮：现代"野孩子"的心理语言学研究。神经语言学和心理语言学的观点》。马萨诸塞州剑桥：学术出版社。

17. V. 迪博克、P. 迪富克、P. 布莱德和 M. 鲁西涅。2015。《大脑不对称：发育和影响》。基因年鉴，49：647–672。

18. R. 斯佩里。1982。《大脑半球分离的一些影响》。诺贝尔演讲，生物科学报告，2：265–276。

19. S. C. 哈维和 H. E. 奥比丹斯。2011。《所有卵子都不平等：母体环境影响秀丽隐杆线虫的后代繁殖和发育命运》。公共科学图书馆 1 号，6：e25840。

20. L. H. 勒美、A. D. 斯坦因、H. S. 卡恩、K. M. 范德帕德布鲁因、G. J. 布劳、P. A. 兹伯特和 E. S. 苏塞尔。2007。《队列配置：荷兰冬季饥饿家庭研究》。国际流行病学杂志，36：1196-1204。

21. J. P. 柯利和 F. A. 香槟。2016。《母亲护理对大脑发育的影响：机制、时间动力学和敏感期》。前神经内分泌 40：52-66。R. 费尔德曼、K. 布劳恩和 F. A. 香槟。2019。《父亲护理的神经机制和后果》。国家神经科学评论，20：205-224。

22. B. G. 迪亚斯和 K. J. 雷斯勒。2014。《父母的嗅觉体验影响后代的行为和神经结构》。自然神经科学，17：89-96。

23. R. 托罗、J. B. 波利娜、G. 休格特、E. 洛斯、V. 弗鲁安、T. 巴纳舍夫斯基、G. J. 巴克等人。2015。《人类神经解剖多样性的基因组结构》。分子精神病学，20：1011-1016。

24. D. 段、S. 夏、I. 雷基克、Z. 吴、L. 王、W. 林、J. H. 吉尔摩、D. 沈和 G. 李。2020。《基于婴儿单胎和双胎发育过程中大脑皮质折叠特征的个体识别和个体变异性分析》。人脑绘图，41：1985-2003。

25. T. T. 布朗。2017。《人类大脑发育的个体差异》。威利跨学科评论认知科学，8：e1389。A. I. 贝希特和 K. L.

米尔斯。2020。《大脑发育个体差异建模》。生物精神病学，88：63-69。

26. B. 哈格库尔和 G. 波林。2003。《早期性情和依恋是人格五因素模型的预测因素》，依恋与人的发育，5：2-18。

27. C. M. 凯尔西、K. 法里斯和 T. 格罗斯曼。2021。《婴儿功能性脑网络连接的变异性与影响和行为的差异相关》。前沿精神病学，12：685754。

28. K. L. 江、W. J. 利夫斯利和 P. A. 弗农。1996。《五大人格维度及其方面的遗传性：一项双胞胎研究》。人物杂志，64：577-591。S. 桑切斯·罗伊格、J. C. 格雷、J. 麦克基洛普、C. H. 陈和 A. A. 帕尔默。2018。《人类个性的遗传学》。基因大脑行为，17：e12439。

29. E. 卡斯塔尔迪、C. 隆吉和 M. C. 莫罗内。2020。《成人视觉皮质的神经可塑性》。神经科学生物行为评论，112：542-552。I. 法恩和 J. M. 帕克。2018。《盲眼与人脑可塑性》。视觉科学年鉴，4：337-356。

30. M. C. 戴蒙德、D. 克雷奇和 M. R. 罗森茨魏希。1964。《强化环境对大鼠大脑皮质组织学的影响》。比较神经学杂志，123：111-120。

31. Ö. 德曼扎诺和 F. 乌伦。2018。《相同基因，不同大脑：单卵双胞胎之间的神经解剖差异来自不同的音乐训练》。大脑皮质，28：387-394。